U0320493

《建筑内部装修设计防火规范》
理 解 与 应 用
——GB 50222—2017 宣贯教材

规范编制组 编

中国计划出版社

图书在版编目（CIP）数据

《建筑内部装修设计防火规范》理解与应用 ：GB
50222-2017宣贯教材 / 规范编制组编. -- 北京 ：中国
计划出版社，2018.3（2018.4重印）
ISBN 978-7-5182-0835-7

Ⅰ. ①建… Ⅱ. ①规… Ⅲ. ①建筑物－室内装修－防
火系统－建筑规范 Ⅳ. ①TU892-65

中国版本图书馆CIP数据核字(2018)第041625号

《建筑内部装修设计防火规范》理解与应用
——GB 50222—2017 宣贯教材
规范编制组　编

中国计划出版社出版发行
网址：www. jhpress. com
地址：北京市西城区木樨地北里甲 11 号国宏大厦 C 座 3 层
邮政编码：100038　电话：（010）63906433（发行部）
北京市科星印刷有限责任公司印刷

850mm×1168mm　1/32　3.75 印张　100 千字
2018 年 3 月第 1 版　2018 年 4 月第 2 次印刷

ISBN 978-7-5182-0835-7
定价：15.00 元

前　　言

随着时代发展，生活环境愈发宜居，房地产业的高速扩张，人们对创意、高端的品质要求，都推动了装修行业的迅猛发展。《建筑内部装修设计防火规范》规范编制组遵循"防患于未然"的安全目标，通过大量研究，总结工程经验，对原规范进行了修订，形成了《建筑内部装修设计防火规范》GB 50222—2017。

本书依据新颁布的《建筑内部装修设计防火规范》GB 50222—2017，由规范编制组根据规范修订中开展的多项主题研究进行总结，将规范使用过程中产生的疑问进行重点讲解，对规范条文的规定做出溯源解释，并汇集了《建筑内部装修设计防火规范》GB 50222—2017 的背景知识和文献资料，以便于设计、施工、建设、检测以及监督部门的理解和使用，方便该规范的贯彻实施，指导内装修材料的选择，同时防止火灾的发生，保护人们的生命财产安全。

本书可作为开展《建筑内部装修设计防火规范》GB 50222—2017 宣贯培训工作的配套辅导教材，也可供设计、施工、建设、检测和监督等单位理解、应用该规范时参考。

由于本书编写时间仓促，编者水平有限，书中难免存在疏漏和不妥之处，敬请广大读者批评指正。

规范编制组
2017 年 12 月于中国建筑科学研究院

目　　录

第一章 修订背景

一、修订任务来源

1995年10月1日颁布实施的强制性国家标准《建筑内部装修设计防火规范》GB 50222—1995（以下简称"原规范"），是根据国家计委《一九九〇年工程项目建设标准、建设用地指标制订计划》（计综合〔1990〕160号）的要求，由中国建筑科学研究院主编而成。作为我国第一部统一的建筑内部装修设计防火技术法规，它解决了过去无法可依的问题，统一规范了建筑装修设计、施工、材料生产和消防监督等各部门的技术行为。在规范实施的十几年中，对提高全民防火意识，提高建筑防火安全度，降低火灾发生率，促进建筑防火材料的研发、生产和使用，减少建筑火灾危害发挥了重要作用。

但随着时代的发展，特殊功能及多功能的建筑物大量涌现，并伴随着大量新型建筑装修材料、新工艺的使用。因此原规范的规定已难以涵盖或不能有效地解决一些实际工程问题。尤其是规范所依据的材料检测分级的基础发生了变化，因此有必要及时对原规范进行全面修订，以适应新形势下建筑装修防火设计的需要。根据建设部《关于印发〈2007年工程建设标准规范制订、修订计划（第一批）〉的通知》（建标〔2007〕125号）的要求，原规范由中国建筑科学研究院会同公安部四川消防研究所、中国建筑装饰协会、北京市公安消防总队、上海市公安消防总队、中国建筑设计研究院、苏州金螳螂建筑装饰股份有限公司、上海阿姆斯壮建筑制品有限公司等有关单位共同修订。

二、修订过程

《建筑内部装修设计防火规范》修订编制组于2007年8月24

日在北京召开规范修订编制组成立暨第一次工作会议，介绍了规范修订编制前期准备工作情况，对规范修订内容进行了认真讨论，并确定了下一步的工作计划，确定了修订编制组人员组成、修订工作任务及其人员分工、修订工作时间安排。

在修订过程中，通过大量试验、外出调研以及开座谈会的方式认真总结了近年来建筑内部装修材料的研发成果和应用经验，充分考虑我国建筑内部装修设计、工程应用现状和消防工作实际需求，认真查找发达国家相关的标准与文献资料，广泛征求国内有关科研院所、高校、设计、施工、生产、质量检测与监督单位等方面的意见，通过对各方意见进行逐条归纳整理，在分析研究的基础上，对规范进行认真修订，最终定稿。

三、主要变化

原规范修订后形成了《建筑内部装修设计防火规范》GB 50222—2017（以下简称《规范》），内容包括：总则、术语、装修材料的分类和分级、特别场所、民用建筑、厂房仓库。主要修改内容简介如下。

1. 术语

增加了术语一章，对于《规范》里出现的一些名词进行了定义和解释，使《规范》条文针对的内容更明确。

2. 装修材料的分类和分级

该章为《规范》原有章节，在某些条文上作了适当修改，涵盖了近年的新工艺，删除了一些目前并不常用的做法。

3. 特别场所

将民用建筑及工业建筑中类似的规定归纳到一起，对原规范"一般规定"章节进行修改，并对该章节条文按照重要程度进行了排序。

4. 展览性场所

会展在信息传播上有得天独厚的优势，通过综合运用各种媒介推广产品、宣传企业，皆能收到良好效果。近年来，展览经济发展很快，公众参与人数较多，并且其展品众多，展位形式多种多样，火灾隐患多，因此本次修订特意增加一条，以防范展会火灾。

5. 住宅建筑

住宅建筑作为民用建筑的一类，《规范》此次专门添加了一条对其装修防火的规定。主要针对户内设置的烟道、风道、厨房、卫生间、阳台等住宅内容易发生火灾的重点部位，或者是关系到整栋建筑的防火安全部位，对其装修材料做出要求。

6. 电气线路

据统计，多年来我国电气火灾占火灾起因的首位。电气线路一般较为隐蔽，往往在装修中要做出改动，室内装修采用的可燃材料越来越多，与可燃装修材料的接触增加了电气设备引发火灾的危险性，因此《规范》对原条文进行了补充。

7. 民用建筑

该章对于民用建筑按照单层、多层民用建筑，高层民用建筑，地下民用建筑分为三节，与原规范分类相同。但是本次修订根据场所、部位重新做出界定，以避免《规范》执行时产生误解。

8. 厂房仓库

随着社会生产力的不断提高，工业建筑越来越多，其装修防火显得尤为重要。《规范》此次修订对此做出较大的改动。不同类别的厂房火灾危险性大相径庭，参考相关规范的规定，以及调研中所发现工业建筑防火领域涌现问题较多的场所，《规范》编制组进行了深入的研究。如办公、研发等辅助用房，工业建筑设置自动灭火系统和火灾自动报警系统，高架仓库等受到关注较多，《规范》进行了特别说明。

第二章 内装修设计防火的概念

一、室内装修的定义和范围

室内装修的意义，在法律上或相关法令上并无明确的定义和权威的解释，目前对装修与装饰之间异同问题在学术界尚存在着激烈的争论。我国《现代汉语词典》（第7版）上有如下的定义：

装修：对房屋进行装潢和修饰，使美观、适用。

装饰：在身体或物体的表面加些附属的东西，使美观。

从以上定义，我们似乎可以这样理解，装饰所具有的是一种美化作用，而装修除了美化作用之外，更多地具有一些功能行为。因此是否可以这样说，装饰的概念包含不了装修的全部内容，而装修的概念勉强可包含装饰的内容。当然，由于中国文字的多义以及实际工程中的复杂性，对这两个名词定义的争论可能仍继续进行下去，但目前现行国家标准《建筑内部装修设计防火规范》GB 50222，则是以装修包含装饰的概念出台的。

从内部装修的字面意义，可以简单地界定出它的范围，即它是指建筑内部空间的装饰物品或材料之间的相互关系。从建筑防火的角度看，有关国家对建筑内部装修的范围有如下的定义。

美国防火协会的《生命安全法规》第6章称，室内装修包括室内墙壁与天花板及室内地板装修。室内墙壁及天花板装修系指建筑室内暴露出的墙与天花板的表面，包括（但不限于）固定或可移动的墙壁、隔间、柱、梁、天花板等物体之表面。室内地面装修系指建筑暴露出的地面表面，包括可使用于一般装修地面或楼梯踏面与竖面的覆盖物。

建筑官员及法规行政国际协会的《国际建筑法规》定义：室内装修应包括所有壁板、墙板或其他材料。不论它们是在结构体上使用，还是用于音响处理、绝缘、装饰等类似用途，均应包括在内。

国际建筑管理人协会的《统一建筑法规》称，室内墙壁及天花板装修应指室内壁板、墙板或其他结构上应用或用于装饰、音响修正、表面绝缘或类似目的的装修。传统的地面装修指使用如木材、乙烯石棉地砖、油毡及其他弹性地面覆盖物。

因此从总体上看，建筑室内装修至少包括墙面、地面、天花板这三大基本部分。

抛开人们对装修与装饰这些名词的学术争论，我国现行国家标准《建筑内部装修设计防火规范》GB 50222 所涉及的装修材料包括以下内容：

1. 饰面材料

包括在房间和通道墙壁上的贴面材料，房间和通道的吊顶材料，嵌入吊顶中的导光材料，面上的饰面材料以及楼梯上的饰面材料。另外，还有用于绝缘的饰面材料等。

2. 装饰件

包括固定或悬吊在墙上的装饰面、雕刻板、造型图案等。

3. 悬挂物件

包括布置在各部位的挂毯、帘布、幕布等。

4. 活动隔断

所谓活动隔断是指可伸缩滑动和自由的隔断。

5. 大型家具

大型家具是指大型的笨重家具，这些家具一般是固定的，或因其太重而轻易不再搬动的。如钱柜、酒吧柜台等。另外，有些布置在建筑物内的轻板结构，如货架、档案柜、展台、讲台等也应属大型家具。

6. 装饰织物

装饰织物包括窗帘、家具包布、床罩等纺织物品。

二、内部装修设计的基本特点

建筑内部装修设计是建筑设计的一部分，它是在建筑设计的基础上实现建筑功能的完善和建筑美化的再创造。建筑装修一般分为室外和室内两大部分。室外装修除了考虑建筑自身的美观外，还应充分考虑城市小区整体规划的效果。而内部装修则是人类通过建筑物对自身生活环境的一次再创造。

现代化的建筑已不再是简单的遮风挡雨，它必须要同时满足人类对美和舒适的追求。高档次的装修可以在无形中净化社会的空气，陶冶人的情操，在舒适中给人以精神上的享受，提升社会再创造的动力。随着社会的进步和经济的发展，人们对室内生活环境的要求将会向更高的层次、更理想的状态方向发展。

建筑内部装修设计所涉及的内容很多，如环境、心理、社会、色彩等多门学科，它是运用现代的科学技术手段和产品去做一种艺术性处理和达到功能的实现。从总体看，内部装修设计具有以下特点：

1. 功能的特点

现代建筑要满足各种功能上的要求，装修设计首先应考虑建筑物的功能特点。一些建筑物因有特殊的使用要求，所以选择专门的材料对室内进行装修处理。比如剧场、影院需要有良好的吸音和回声效果；而科技会堂则应有平易近人、轻松活泼的气氛，以体现出这是可以互学互助、畅所欲言、自由讲座的科学技术场所；对于一些具有爱国主义历史教育的纪念堂、馆，则一般要体现出庄严、肃穆、沉重、朴实的效果；对青年人娱乐的场所，则势必要体现出欢快、热烈、温馨等功能特征。

2. 光、色的特点

建筑内的光和色彩的效果，对居住者的观感、情感和心理都会产生直接的影响。装修材料的色彩搭配一定要和建筑功能相协调，同时又要考虑人的年龄、文化层次、职业等因素。建筑采光包括自然采光（太阳光）和人工采光，如有可能应尽量保证阳光能直入室内，这既保证了人体的健康，又使人始终处于自然环境的氛围之中。当必须经常使用人工照明光时，则应考虑光的强度和角度对人视觉的影响，以及这些光照射到各种室内材料表面所产生的反光效果。

3. 装饰、陈设的特点

建筑装饰的最终结果是以人们的认可度来制定的，装饰设计实质上就是对各种材料及其色彩、图案所做的一种造型组合。建筑装饰档次是不一样的，但又很难用一个尺度去对不同的档次做划分。一般来说，建筑材料对装饰的档次约束很大，但又不意味着昂贵的材料就一定能产生好的装修作品，关键在于恰当地运用室内装饰的设计要素，在所限定的空间内创造一个和功能相互协调、美观大方、格调高雅、富有个性的室内环境。室内陈设是人的部分生活必需品，具有外在的造型装饰功能，它本身的造型和装饰性只有和整个建筑的装饰效果融合为一体时，才具有美的魅力和震撼人心的效能。

基于以上特点，可以预料，装修环境将向更舒适、自然、豪华、温馨的方向发展。装修设计作为一个专门独立的专业，在整个建筑设计工程中占有重要的地位。作为装修效果最基本保证的建筑材料将会在形式上更翻新，更多样化。

三、内部装修的火灾特点

现代建筑结构本身是不会发生火灾的，一般火灾都是人为因素引发的。人为地使用不慎、疏忽或故意纵火是引发建筑火灾的主要原因。从过去的建筑火灾的统计资料可知，由于微小火源而造成严重伤亡及损失的案例，为数极为可观。为进一步防止因微小火源酿成大祸，除了设法降低微小火源出现的频率外，加强内装修材料的防火性是非常重要的一环。

目前在建筑装修中使用的大部分装修材料都是对火十分敏感的普通材料，而绝大多数建筑火灾都是由室内开始扩大蔓延的。因此室内装修材料的耐燃性已成为火灾是否会造成严重人员伤亡或财物损失的主要原因之一。在图2-1中给出了可燃内装与不可燃内装两种情况下燃烧生成气体的变化过程。

试验表明，可燃性的建筑装修材料在较低的辐射值作用下就会燃烧，而耐燃性的材料则在较高的热量下才会燃烧。另外，可

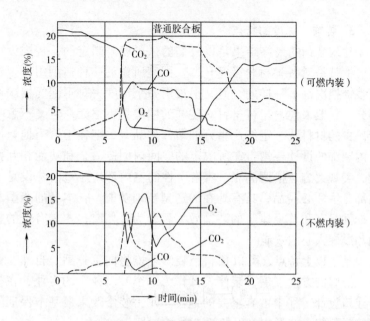

图 2 – 1 可燃内装与不可燃内装燃烧生成气体变化过程

注：——表示 O_2，……表示 CO_2，— —表示 CO。

燃性材料一旦受高温即容易释放大量的深烟和有毒气体，造成人员伤亡，阻碍人群的疏散和外部救援。2013 年 1 月 27 日，巴西一家酒吧夜总会举行派对时，焰火引燃屋顶隔音材料，导致 233 人死亡，与可燃装修材料使用不当有密切关系。室内装修材料对火灾的影响有以下几个主要方面的特点：

（1）影响火灾起火至爆燃的速度；

（2）通过材料表面使火焰进一步传播；

（3）加大了火灾荷载，助长了火灾的热强度；

（4）产生浓烟及有毒气体，造成人员伤亡。

图 2 – 2 给出了材料燃烧后产生危害的示意。

鉴于建筑内部装修材料是十分重要的火灾引发体，为了避免室内空间火势的迅速发展，影响人员的撤离和消防灭火，所以必须考虑装修材料的防火性能。

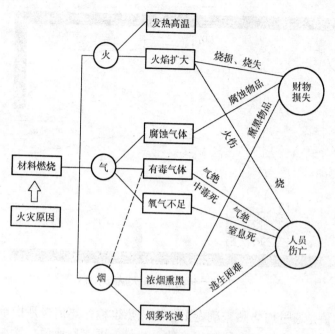

图2-2　室内装修材料燃烧后产生危害情形

　　试验结果表明，当在一个封闭的空间起火时，首先是充满烟雾的热气体上升。由于自然对流和层化作用，热气体在吊顶下部形成了一个水平层并与部分墙体接触，随着烟气层逐渐加强，最后烟气充满整个空间。随着火势的扩大，火焰蹿到附近的可燃家具陈设上，使表面装饰层等起火燃烧。当火焰升高直扑屋顶后，又会沿着水平方向回散，向四壁和下方辐射热量并加速火势扩大。如果顶棚是可燃的，便会随后出现燃烧。最后火势会席卷可燃的地面材料。图2-3给出了上述过程的示意。

　　由上述过程可见，在一个房间中使装修材料从顶棚至地面燃烧性能要求逐步降低的选材是合理的。

四、材料燃烧热值的确定

　　所有材料在燃烧过程中都要释放大量的能量，而这种能量的

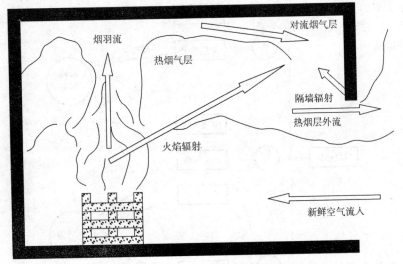

图 2-3 封闭空间起火燃烧示意

具体值是通过燃烧热来确定的。燃烧热也称作热值，是指单位质量的材料完全燃烧后释放出来的总热量，更严格地说，是在标准条件下可燃材料和氧化剂反应并生成产物的反应热。

1. 理论计算法

物质的燃烧过程就是物质发生化学反应的过程。物质在燃烧过程中放出大量热量，这种热量是燃烧中蕴藏的某种形态的化学能通过化学反应以热能形式释放出来的。因此可以用热力学和热化学来分析研究物质燃烧过程中的能量变化，从而根据化学原理进行化合物燃烧热的计算。

2. 实验测定

采用热化学反应方程计算燃烧热的方法，只适用于单质或纯化合物。而目前大量使用的材料中纯物质的应用范围是很小的。尤其在建筑材料中，各种材料的成分是很复杂的，不可能写出明确的化学分子式和化学反应方程式，因而难以用热化学的方法进行燃烧热的计算。因此大多数材料的燃烧热值都需要通过试验测定。目前最常用的测定方法为氧弹量热计方法。

五、火灾荷载密度

所谓火灾荷载是指着火空间内所有可燃物燃烧时所产生的总热量值。很显然，一座建筑物火灾荷载大，发生火灾的危险性也就越大，需要的防火措施越严。一般来说，总的火灾荷载并不能定量地阐明其与作用面积之间的关系。为此，需要引进火灾荷载密度的概念。火灾荷载密度是指房间中所有可燃材料完全燃烧时所产生的总热量与房间的特征参考面积之比，即火灾荷载密度是单位面积上的可燃材料的总发热量。

火灾荷载可分成三种，即：固定火灾荷载 Q_1，它是指房间中内装修用的，位置基本固定不变的可燃材料，如墙纸、吊顶、壁橱、地面等；活动式火灾荷载 Q_2，它是指为了房间的正常使用而另外布置的，位置可变性较大的各种可燃物品，如衣物、家具、书籍等；临时性火灾荷载 Q_3，它主要是由建筑使用者临时带来并且在此停留时间极短的可燃物构成。

因此火灾荷载可写成：

$$Q = Q_1 + Q_2 + Q_3 \tag{2-1}$$

式中　Q——火灾荷载。

火灾荷载密度可写成：

$$q = \frac{Q}{A} = \frac{Q_1 + Q_2 + Q_3}{A} \tag{2-2}$$

式中　q——火灾荷载密度。

　　　A——面积。

由于 Q_3 的偶发性和不确定性，所以在常规计算中可不考虑它的影响，则：

$$q = \frac{Q_1 + Q_2}{A} = q_1 + q_2 \tag{2-3}$$

式中　q_1——固定火灾荷载密度；

　　　q_2——活动火灾荷载密度。

可燃物的存在是火灾发生及蔓延的源头，火灾荷载作为标志可燃物数量的主要参数，是火灾发生及蔓延的源头。建筑内部装修所选用的可燃物增加了建筑火灾荷载，保证建筑的消防安全离不开对建筑内可燃物情况的掌握，亦即建筑火灾荷载的统计、分类和分析。

《规范》编制组成员在全国范围内开展火灾荷载调查工作。研究了建筑中火灾荷载的确定方法，对商场、住宅、写字楼、建材市场、展览馆、旅馆、医院、学校、影剧院、KTV 等各种场所进行了实地调查，统计建筑内可燃物数量、种类、分布状态，综合分析不同建筑的火灾风险等级，从而修订相应的规范条文。需要指出的是，应积极开展火灾荷载的研究及规范编制，从而了解建筑消防安全指数，保障建筑使用者及火灾中消防人员的安全性，减少火灾危害。

六、材料燃烧的毒气效应

燃烧是一种复杂的物理、化学现象，是一种活跃的氧化作用。火灾中的可燃物在剧烈的燃烧过程中可释放出大量的毒性气体，并成为火灾人员伤亡的第一原因。英、法等国学者的研究统计证明，火灾中死亡人数中的 70% ~80% 是烟气中毒所致。

在任何情况下，只要在材料中含有可燃成分，就有可能在火的作用下释放出烟尘和毒性气体。而事实上，不论是什么性质的可燃材料，总是可以用一个总的平衡方程式去表征一次完全燃烧的化学反应：

$$1kg \text{ 可燃体} + rkg \text{ 空气} = (1+r) \text{ kg } (CO_2，H_2O，N_2，CO\cdots)$$

$$(2-4)$$

其中的 r 为化学计算中的比值，它因可燃体的性质和燃烧所释放的热量而有很大的变化。

毒气效应通常又称为吸入效应。这种效应是随产品的性质、人体暴露时间、毒气浓度等变化的。这种效应可以使人受到刺激，嗅觉不舒服，丧失行动能力，模糊视线，损伤肺部呼吸而死亡。另外，火灾毒气可以使人的行为发生错乱，如一氧化碳可使人出现欣快效应，缺氧则使人会做出无理性的行动。

实际火灾中的毒性危害应为综合作用危害，但是各种因素对人体作用强度是不同的。由于毒性危害对人体产生不同的反应，因此有必要对主要毒性成分进行分别讨论。

1. 烟尘的危害

火灾燃烧产生大量的微粒烟尘，人大量呼吸这些烟尘后会直接引起呼吸道的机械阻塞，并致使肺的有效呼吸面积减少而表现出呼吸困难，甚至窒息死亡。

2. 一氧化碳的危害

一氧化碳是火灾中致人死亡的主要原因，它通过肺被血液吸收。由于血红蛋白对一氧化碳的亲和力大于对氧气的亲和力200倍以上，从而使血液中氧气储量降低致使供氧不足。当空气中一氧化碳量达到13000ppm时，人只需呼吸2~3次，就会失去知觉，并会在1~3min内死亡。

3. 氰化氢（HCN）的危害

氰化氢是一种毒性作用极快的气体，它可使人体缺氧即人体中的酶的生成受到抑制，正常的细胞代谢受到阻止。当人体血流中的氰化物含量达至$1\mu g/mL$，就足以显示出氰化物的巨大毒性；当血液中氰化物达到$3\mu g/mL$以上时，可致人死亡。

4. 二氧化碳的危害

二氧化碳是火灾空间存在最普遍的气体，尤其是在氧气供应良好的场合。它可以刺激人的呼吸，如3%的浓度就会迫使肺部加倍换气。

5. 刺激性气体的危害

火灾中产生的刺激性气体和蒸气可对人的眼及呼吸道产生危害作用。典型的刺激性气体有氯化氢、二氧化硫、氨气等。这些气体通过化学作用刺激呼吸系统和肺，使呼吸速度明显加快，并严重地损坏肺部的正常功能。

从总体上看，可将所有的燃烧毒气归纳为三大类，即划分为单纯窒息性气体、化学窒息性气体、刺激性气体。这三类气体的浓度和危害作用等指数详列在表2-1中。所谓火灾燃烧毒性的研究，就是对有机建材在燃烧或热分解情况下产生的烟尘和气体的成分与作用进行定量、定性的分析。

表 2-1　主要毒气的浓度和危害（ppm）

分类	气体	作用	劳动环境允许的浓度	1h安全	30~60min危险	30min死亡	短期内死亡
单纯窒息性	O₂（缺乏）	导致空气中O₂的量缺乏，呼吸困难，弱刺激性窒息；精神和体力功能低下，呼吸困难，窒息		3~4(%)	5~6.7(%)		6(%)
	CO₂		5000				20(%)
化学的窒息性	CO	抑制血红蛋白生成，缺氧，肌肉、关节受损，虚脱，丧失意识	50	400~500	1500~2000	4000	13000
	HCN	抑制酶的生成，细胞代谢受阻，虚脱，丧失意识	10	45~54	110~135	135	270
	H₂S	低浓度刺激眼和气管黏膜，高浓度麻痹中枢神经	10	170~300	400~700		1000~2000
刺激性	HCl	刺激眼，上呼吸道黏膜，并损害上呼吸道，使人机械窒息	5	50~100	1000~2000		1300~2000
	NH₃	刺激眼和上呼吸道黏膜，导致肺水肿，使人窒息	50	300~500	2500~4500		5000~10000
	HF	眼和上呼吸道黏膜被腐蚀	3	10	50~250		
	SO₂	刺激眼和上呼吸道，肺、声门水肿，气道阻塞窒息	5		50~100		400~500
	Cl₂	刺激眼，气管，流泪，咳嗽，血水肿，呼吸困难，窒息	1	4	40~60		1000
	COCl₂	刺激支气管和肺，肺水肿，呼吸困难，窒息	0.1		25		50
	NO₂	刺激支气管和肺，肺水肿，呼吸困难，窒息	5		117~154		240~775

第三章　内装修设计防火的原则和适用范围

《规范》对内部装修设计防火给出了几条基本的原则，这些基本原则是本规范编制的基础，也是整个内装修设计防火的指导。

一、火灾安全

制定《规范》的主要目的是为了保障建筑内部装修的消防安全，防止和减少建筑物火灾的危害。要求设计、建设和消防监督部门的人员密切配合，在装修设计中，认真、合理地使用各种装修材料，并积极采用先进的防火技术，做到"防患于未然"，从积极的方面预防火灾的发生和蔓延。这对减少火灾损失，保障人民生命财产安全，保证经济建设的顺利进行具有极其重要的意义。

《规范》是依照现行国家标准《建筑设计防火规范》GB 50016—2014、《人民防空工程设计防火规范》GB 50098—2009 等的有关规定和对近年来我国新建的中、高档饭店，宾馆，影剧院，体育馆，综合性大楼等实际情况进行调查总结，结合建筑内部装修设计的特点和要求，并参考了一些先进国家有关建筑物设计防火规范中对内装修防火要求的内容，以人为本，结合国情而编制的。

因此《规范》第一条明确指出：为规范建筑内部装修设计，减少火灾危害，保护人身和财产安全，制定本规范。

《规范》在本次修订中删除了"预防为主、防消结合"的消防工作方针，是由于该项工作方针在《中华人民共和国消防法》中有明确规定，是整个消防工作的指导方向。在现代城市中，建筑的规模越来越大，高度越来越高，相互间的关联越来越密切，火灾严重损害公众的安全指数和社会的和谐发展，因此预防为主就显得愈发重要。建筑内装修材料常常是火灾的最初引发和蔓延关键，在内装修的全过程中必须遵守消防法的规定。

二、适用范围

内装修设计防火规范的适用范围包括所有的民用建筑和工业建筑的内部装修防火设计，但不适用于古建筑和木结构建筑的内部装修防火设计。

《规范》规定的适用范围与《建筑设计防火规范》GB 50016—2014 所规定的适用范围，以及《人民防空工程设计防火规范》GB 50098—2009 规定的民用建筑部分是基本一致的。

《规范》此次在工业建筑里增加了仓库的内装修材料防火规定，主要是基于目前各类仓库引发的火灾频现。如 2015 年 1 月 2 日，黑龙江省哈尔滨市北方南勋陶瓷大市场的三层仓库起火，过火面积 1.1 万 m^2，造成 5 名消防员遇难、14 人受伤；2015 年 8 月 12 日，天津瑞海仓库火灾，造成 173 人遇难，798 人受伤的特别重大火灾爆炸事故；2017 年 11 月 20 日发生的佛山南海美梦床上用品仓库火灾遇难者为 6 人，为提高对仓库防火安全性的重视，必须对其内部装修材料做出严格要求。

需要特别指出的是，随着人民生活水平的提高，室内装修发展很快，其中住宅量大面广，装修水平相差甚远。有一部分住宅的装修是由建设单位负责统一设计和施工完成的。为了保障居民的生命安全，凡由建设单位负责统一设计和施工的室内装修，包括建设单位委托装修公司对居住建筑进行的统一装修，均应执行本《规范》。

还有一部分高档次的住宅是由业主自行找人设计与施工的。这种状况给消防管理带来了很大的困难，但是具体要按本《规范》监督，又不可行。因此为了保障居民的生命财产安全，凡由专业装修单位设计和施工的住宅室内装修工程推荐执行《规范》中的有关要求，包括由私人自己设计和施工的住宅装饰工程，尽管目前存在着不好管理的事实，但从发展的观点看，随着人们消防安全意识的增强，也建议逐步地采用《规范》进行告知提醒，提升建筑的防火能力，保障群众的生命财产安全。

三、选择材料的原则

建筑内部装修设计应妥善处理装修效果和使用安全的矛盾，积极采用不燃性材料和难燃性材料，尽量避免采用在燃烧时产生大量浓烟或有毒气体的材料，做到安全适用，技术先进，经济合理。

装修的第一目的就是给人创造一个美好和温馨的工作、生活环境，因而美观、漂亮是装修设计的基点，不能体现出这一点的装修设计无疑是失败之作。装修设计意图的实现，最终依赖于各种装修材料。然而现代装饰材料有一共同的特点，就是较之传统的建筑材料更具有可燃性和烟毒性。事实也证明，许多火灾都是起因于装修材料的最初燃烧，如烟头点燃床上织物、窗帘、帷幕而迅速蔓延燃烧，吊顶因光热作用而起火燃烧等。因此在实际工作中必须正确处理好装修效果与使用安全之间的矛盾。所谓的积极选用不燃性材料和难燃材料，是指在满足规范最低基本选材要求的基础上，在考虑美观装饰的前提下，尽可能地采用不燃性和难燃性的建筑材料，要综合做到安全适用、技术先进、经济合理。

近年来，建筑火灾中由于烟雾和毒气致死的人数迅速增加，占火灾死亡人数的80%左右。人们逐渐认识到火灾中烟雾和毒气的危害性，有关部门也已开展了一些实验研究工作。但由于内部装修材料品种繁多，它们在燃烧时产生的烟雾毒气数量种类各不相同，目前要对毒性进行定量控制还有一定的困难，预计随着社会各方面工作的进一步开展，此问题会得到很好的解决。为了从现在起就引起设计人员和消防监督部门对烟雾毒气危害的重视，在《规范》第1.0.3条中对产生大量浓烟或有毒气体的内部装修材料提出"避免采用"这一基本原则。

四、国家规范标准间的协调

建筑内部装修防火设计除执行内装修设计防火规范外，尚应符合国家现行的有关标准、规范的规定。

建筑内部装修设计防火是建筑设计防火工作中的一部分。一般情况下，各类建筑首先应根据现行《建筑设计防火规范》GB 50016—2014 的要求进行防火设计，然后再考虑内部装修设计的防火要求。另外，由于建筑内部装修设计所涉及的范围较广，有些不可能在规范中被包括进来，所以在设计时除了应执行内装修设计防火规范的有关规定外，尚应符合现行的有关国家设计标准和规范的要求。

上述四条基本原则构成了建筑内部装修设计防火的总原则。需要指出的是，在总则中规定了该规范不适用于古建筑和木结构的建筑。这是因为我国的古建筑现存数量有限，且目前基本上没有可能，也并不赞成对它们实行改变原貌的重新装修，因此没有必要考虑它们。至于木结构，因其承重骨架本身就是可燃体，因此在内装修中采用什么样的材料的要求已意义不大。

第四章 装 修 材 料

一、装修材料的分类

对建筑进行内部装修时，大量可燃装修材料的使用带来火灾风险，建筑的用途、场所、部位不同，装修材料所造成的火灾危险性不同，对装修材料的燃烧性能要求也不同。

建筑内部装修设计，在民用建筑和除仓库外的工业建筑中包括顶棚、墙面、地面、隔断的装修，以及固定家具、窗帘、帷幕、床罩、家具包布、固定饰物等；在仓库中目前只包括顶棚、墙面、地面和隔断的装修。

这里所说的隔断系指不到顶的隔断，到顶的固定隔断装修应与墙面规定相同。而柱面的装修应与墙面的规定相同。

本条（《规范》中第 3.0.1 条）同时指出了内部装修设计所涉及的范围，包括装修部位及所使用的装修材料与制品。其中顶棚、墙面、地面、隔断等部位的装修是最基本的部位，这在各国规范的规定中均包含了这些内容。而窗帘、帷幕、床罩、家具包布均属装饰织物，各国规范的要求不尽相同，但从总体上均予以了重视。我国目前对织物进行防火阻燃处理意义的认识还不够，且相应的产品也不多，因此有必要解决装饰织物的防火问题。

需要说明的是，在《规范》的术语里，装饰织物的定义中没有明确标明床罩、家具包布，主要是为了规范的可执行性。一般进行装修工程时，不会包含床、书桌等家具的布置，因此《规范》也很难对床罩做出规定。但是在部分场所和特殊情况下，由建设单位或建设单位委托装修公司统一进行的床罩和家具包布的装饰，必须符合《规范》的相关规定。

固定家具是指那些与建筑物一同建造，并且在使用周期内基本不能移动的固定型家具，如壁橱等。另外，也包括一些虽不与建筑一同固定建造，但体积和重量很大，并且一经放置轻易不再移动的家具，如大型橱柜、货架、家具等。固定饰物等均属室内装饰范围，所以对它的要求也包括在内装修设计范围之内。

为了便于对材料的燃烧性能进行测试和分级，安全合理地根据建筑的规模、用途、场所、部位等规定去选用装修材料，按照装修材料在内部装修中的部位和功能将装修材料分为七类，分别为顶棚装修材料、墙面装修材料、地面装修材料、隔断装修材料、固定家具、装饰织物（包括窗帘、帷幕、床罩、家具包布等）和其他装修装饰材料（系指楼梯扶手、挂镜线、踢脚板、窗帘盒、暖气罩等）七类。

二、装修材料的分级

1. 分级方法

选定材料的燃烧性能测试方法和建立材料燃烧性能分级标准，是编制有关设计防火规范性能指数的依据和基础。

原规范附录中，对材料的燃烧性能分级方法做出规定，主要原因在于原规范颁布时，没有材料分级方法的国标。《建筑材料燃烧性能分级方法》GB 8624—1997 颁布后，部分材料的燃烧性能分级标准在两本规范中有所不同，在规范执行中，会形成一定的困惑，因此在《规范》本次修订中删除了原有的分级方法，按现行国家标准《建筑材料及制品燃烧性能分级》GB 8624—2012，将内部装修材料的燃烧性能分为四级，以利于装修材料的检测和本规范的实施。

原规范实施多年，原用的分级已为人们熟悉，因此《规范》保留了不燃性、难燃性、可燃性、易燃性等四个等级，并采用原来的符号。见表 4-1。

表 4-1　装修材料燃烧性能等级

等级	装修材料燃烧性能
A	不燃性

续表 4 - 1

等级	装修材料燃烧性能
B_1	难燃性
B_2	可燃性
B_3	易燃性

《建筑材料及制品燃烧性能分级》GB 8624—2012 对建筑材料还有进一步的细化分级，根据材料的用途、种类不同，其测试方法与原有版本发生了较大变化，部分材料的等级也随之更改。

根据国家级防火材料检测中心的测试数据整理，对常用建筑材料的燃烧性能的试验结果进行了比较和分析。按照新旧测试方法的不同，材料的等级变化如下：

（1）按 GB 8624—2012、原规范附录 A 进行试验，A_1 级材料的燃烧性能等级没有变化。

（2）按 GB 8624—1997、GB 8624—2012、原规范附录 A 进行试验，个别材料的检测结果会有所不同。如复合板（泡沫双面复合无机板）按 GB 8624—1997 进行检测，达到复合夹芯材料 A 级标准，但是按 GB 8624—2012 进行检测，不一定能达到 A_2 级。通过试验总结，大部分的玻璃棉板、玻璃棉彩钢板、矿棉、硅钙板、纸面石膏板、矿棉吸音板等材料，能达到 GB 8624—2012 的 A_2 级。

铝箔玻璃棉板、金属涂层板、无机复合板随材料具体组分不同，部分能达到 GB 8624—2012 的 A_2 级。

（3）由于很多材料因配方不同，同一类材料可分布在多个燃烧性能级别中，因此很难进行确切的统计。根据试验结果，按 GB 8624—2012 检验达到 B 级的材料，90% 以上均能达到原规范附录 A 的 B_1 级；按 GB 8624—2012 检验达到 C 级的材料，粗略统计约 70% 能达到原规范附录 A 的 B_1 级，如 3mm 厚背面刷涂料的装饰胶合板经 GB 8624—2012 检验达到 C - s1，d0 级，但是按照原规范附录 A 没有达到 B_1 级的水平；14mm 厚的木质吸音板经 GB 8624—

2012 检验达到 C-s1，d0 级，但是按照原规范附录 A 没有达到 B₁ 级的水平；40mm 厚的橡塑泡沫经 GB 8624—2012 检验达到 C-s3，d0 级，但是按照原规范附录 A 没有达到 B₁ 级的水平。对这些不能达到原有阻燃水平的材料，规范编制组经过多次试验，研究讨论，认为可以按照《规范》标准使用这类材料。

（4）按原规范附录 A 检验达到 B₂ 级的材料，均能达到 GB 8624—2012 的 E 级要求。粗略统计：其中约有 10% 能达到 GB 8624—2012 的 B 级，约 30% 能达到 GB 8624—2012 的 C 级，约 20% 能达到 GB 8624—2012 的 D 级。

因此可以发现，随着检测方法的变化，部分材料燃烧性能等级发生了变化，尤其是可燃材料的等级提升，大大加强了装修防火安全指数。

在对同一种材料进行防火测试时，两种不同的测试方法获得的结果很难取得完全一致的对应关系。因此在规范使用中，多数材料的使用需要进行具体的燃烧测试确定其燃烧等级。

另外，对于不同种类的材料，测试方法各不相同，尽管材料燃烧性能等级代号相同，但是它们之间不存在完全对应的关系。

2. 材料举例

为方便设计单位借鉴采纳，《规范》对常用建筑内部装修材料燃烧性能等级划分进行了举例。表 4-2 中列举的材料大致分为两类：一类是天然材料，一类是人造材料或制品。天然材料的燃烧性能等级划分是建立在大量试验数据积累的基础上形成的结果；人造材料或制品是在常规生产工艺和常规原材料配比下生产出的产品，其燃烧性能的等级划分同样是经过大量试验数据积累的基础上形成，划分结果具有普遍性。

有些材料或制品虽然用途广、用量大，但因材质特点和生产过程中工艺、原材料配比的变化，会导致材料或制品的燃烧性能发生较大变化，这些材料的燃烧性能必须通过试验确认，因此大多数的阻燃制品、高分子材料、高分子复合材料未列入表 4-2。

表4-2 常用建筑内部装修材料燃烧性能等级划分举例

材料类别	级别	材料举例
各部位材料	A	花岗石、大理石、水磨石、水泥制品、混凝土制品、石膏板、石灰制品、黏土制品、玻璃、瓷砖、马赛克、钢铁、铝、铜合金、天然石材、金属复合板、纤维石膏板、玻镁板、硅酸钙板等
顶棚材料	B₁	纸面石膏板、纤维石膏板、水泥刨花板、矿棉板、玻璃棉装饰吸声板、珍珠岩装饰吸声板、难燃胶合板、难燃中密度纤维板、岩棉装饰板、难燃木材、铝箔复合材料、难燃酚醛胶合板、铝箔玻璃钢复合材料、复合铝箔玻璃棉板等
墙面材料	B₁	纸面石膏板、纤维石膏板、水泥刨花板、矿棉板、玻璃棉板、珍珠岩板、难燃胶合板、难燃中密度纤维板、防火塑料装饰板、难燃双面刨花板、多彩涂料、难燃墙纸、难燃墙布、难燃仿花岗岩装饰板、氯氧镁水泥装配式墙板、难燃玻璃钢平板、难燃PVC塑料护墙板、阻燃模压木质复合板材、彩色难燃人造板、难燃玻璃钢、复合铝箔玻璃棉板等
	B₂	各类天然木材、木制人造板、竹材、纸制装饰板、装饰微薄木贴面板、印刷木纹人造板、塑料贴面装饰板、聚酯装饰板、复塑装饰板、塑纤板、胶合板、塑料壁纸、无纺贴墙布、墙布、复合壁纸、天然材料壁纸、人造革、实木饰面装饰板、胶合竹夹板等
地面材料	B₁	硬PVC塑料地板、水泥刨花板、水泥木丝板、氯丁橡胶地板、难燃羊毛地毯等
	B₂	半硬质PVC塑料地板、PVC卷材地板等
装饰织物	B₁	经阻燃处理的各类难燃织物等
	B₂	纯毛装饰布、经阻燃处理的其他织物等
其他装修装饰材料	B₁	难燃聚氯乙烯塑料、难燃酚醛塑料、聚四氟乙烯塑料、难燃脲醛塑料、硅树脂塑料装饰型材、经难燃处理的各类织物等
	B₂	经阻燃处理的聚乙烯、聚丙烯、聚氨酯、聚苯乙烯、玻璃钢、化纤织物、木制品等

需要注意的是，表4-2中所罗列的材料主要是用于设计、施工、监督等单位用来做理论参考，并非可以直接认定为对应的等级，在工程中具体使用某材料时，应根据燃烧试验，准确确定材料等级。

三、部分材料的规定

在建筑内部装修设计防火中，有一些问题具有共性，为了便于设计和行政监督，有必要对一些已明确的事情做出具体的规定，对具有共性的材料提出明确通用性的技术要求。

1. 纸面石膏板和矿棉吸声板

纸面石膏板系以熟石膏为主要原料，掺入适量的添加剂与纤维作板芯，以特制的纸板作护面加工而成。石膏本身是不燃材料，但制成纸面石膏板之后，所使用的护面纸、粘结剂各有不同，导致部分该类材料的燃烧性能按我国现行建材防火检测方法检测，不能列入 A 级材料。矿棉吸声板因胶粘剂的问题也属此类情况。但如果认定它们只能作为 B_1 级材料，则又有些不尽合理，而且目前还没有更好的材料可替代它们。

考虑到纸面石膏板和矿棉吸声板用量极大这一客观实际，以及《建筑设计防火规范》GB 50016—2014 中，已认定贴在钢龙骨上的纸面石膏板和矿棉吸声板为非燃材料这一事实；同时由于目前大量的装修工程中，龙骨已经不仅限于钢龙骨，还有其他种类的金属龙骨，因此《规范》第 3.0.4 条规定：安装在金属龙骨上燃烧性能达到 B_1 级的纸面石膏板、矿棉吸声板，可作为 A 级装修材料使用。

2. 胶合板

原规范条文中规定当胶合板表面涂覆一级饰面型防火涂料时，可作为 B_1 级装修材料使用。新修订的《规范》删除了原条款。主要是由于目前我国的阻燃木材、阻燃胶合板等阻燃制品发展很快，其防火性能明显比涂防火涂料更加可靠，同时装修效果也更好，另外，目前装修工程的施工已经不提倡现场制备材料，主要是由于对材料进行现场处理时，不仅需要大量的各类有机材料，而且需要配置相应的电线、设备，使得施工现场更加混乱，火灾危险度增加，所以当胶合板在装修中涂饰防火涂料时，可按 GB 8624—2012 确定板材的燃烧性能，原条文已没有太多存在价值，故删除了原条款。

3. 壁纸

质量小于 $300g/m^2$ 的纸质、布质壁纸热分解产生的可燃气体少、发烟少，被直接粘贴在 A 级基材上时，在试验过程中，几乎不出现火焰蔓延的现象，为此确定这类直接贴在 A 级基材上的壁纸可作为 B_1 级装修材料来使用，《规范》第 3.0.5 条的规定与 GB 8624—1997 中的相关规定是一致的，经过多年的实践证明是可行的。

此处将"重量"修订为"质量"，主要是基于二者在物理量上的区别，在日常生活中虽无歧义，但为了规范的准确性，做出修改。

4. 涂料

涂料在室内装修中量大面广，一般室内涂料涂覆比小，涂料中的颜料、填料多，火灾危险性不大。法国规范中规定，油漆或有机涂料的湿涂覆比为 $0.5 \sim 1.5kg/m^2$，施涂于不燃性基材上时可划为难燃性材料。一般室内涂料湿涂覆比不会超过 $1.5kg/m^2$，故规定施涂于不燃性基材上的有机涂料可作为 B_1 级材料。《规范》第 3.0.6 条增加了限定条件"且涂层干膜厚度不大于 1.0mm 的有机装修涂料"。做出此规定的原因是：当涂料中含有较多轻质填料时，即使湿涂覆比小于 $1.5kg/m^2$，其涂层厚度也可能会比较大，此时复合体的燃烧性能可能会发生很大的变化，不宜作为 B_1 级装修材料使用。增加限定条件"且涂层干膜厚度不大于 1.0mm 的有机装修涂料"，可以有效避免上述情况的出现，此处涂层干膜指涂料实干后的干膜厚度。

5. 多层装修

当采用不同装修材料进行多层装修时，各层装修材料的燃烧性能等级均应符合规范的要求。复合型装修材料应由专业检测机构进行整体测试，并划分其燃烧性能等级。

多层装修的含义是指由于设计师的构思，采用生产来源不同的几层装修材料，其品种各不相同，但同时装修同一个部位时的情况。在此情况下，各层的装修材料只有贴在等于或高于其耐燃等级的材料之上时，这些装修材料燃烧性能等级的确认才是有效的。

但有时也会出现一些特殊的情况，如一些隔音、保温材料与其他不燃、难燃材料复合形成一个整体的复合材料时，尤其在复合时添加了胶粘剂的情况下，更应注意，不宜简单地认定这种组合做法的耐燃等级，而应进行整体的试验，合理的验证。

以前所使用材料构造简单，现在基本不是单一材料，同样材料采用不同的构造形式时，防火等级不同，材料组合在一起，其耐火等级会发生变化，厂家的单一材料等级不能直接应用。

因此《规范》第3.0.7条规定：当使用多层装修材料时，各层装修材料的燃烧性能等级均应符合本规范的规定。复合型装修材料的燃烧性能等级应进行整体检测确定。

第五章 通 用 规 定

《规范》对建筑内部装修设计防火做出了详尽的规定，部分场所和部位在各类型建筑中普遍存在，进行内部装修时应注意火灾危险性。对于这类特别场所，其问题具有共性，为了便于设计和防火监督，《规范》进行了明确的规定，提出了通用的技术要求。

一、消防设施

建筑内的消防设施包括消火栓、自动火灾报警、自动灭火、防排烟、防火分隔构件以及安全疏散诱导等相关设施。这些设备因建筑物的功能变化而有增减，但总体可形成一个防护系统。这些设备的设计、安装一般都是根据国家现行的有关规范进行，设备的数量和位置都经过专业计算确定，平时应加强维修管理，保证消防设施和疏散指示标志的使用功能，以便一旦需要使用时，操作起来迅速、安全、可靠，在火灾发生时，保障受灾人员的逃生和消防人员的救援。

但是有些单位为了追求装修效果，随意减少安全出口、疏散出口和疏散走道的宽度和数量，擅自改变防火、防烟分区及消防设施的位置。还有的任意增加隔墙，影响了消防设施的有效保护范围。这些做法轻则影响消防设施的原有功效，减小其有效的保护面积，重则使其完全丧失了它们应有的作用。

为保证消防设施和疏散指示标志的使用功能，《规范》第4.0.1条规定：建筑内部装修不应擅自减少、改动、拆除、遮挡消防设施、疏散指示标志、安全出口、疏散出口、疏散走道和防火分区、防烟分区等。本条作为强制性条文必须严格执行。确需变更的建筑防火设计，除执行国家有关标准的规定外，尚应遵循法律法规，按规定程序执行。

二、消火栓箱门

建筑内设消火栓是防火安全系统的一部分，在消灭初起火灾时起着非常重要的作用。为了便于使用，建筑内部设置的消火栓门应该设在比较显眼的位置，并且颜色也应醒目。通过对大量装修工程的调研，发现有的单位单纯为了追求装修效果，把消火栓转移到隐蔽的地方，甚至将它们罩在木柜里面；还有的单位将消火栓门装修得几乎与墙面一样，不到近前仔细观察无法辨认出来，甚至在发生火灾时，消火栓门开启困难。这些做法给消火栓的及时取用造成了人为的障碍，使消火栓失去了它应有的基本功能，也不利于规范化管理。

为了充分发挥消火栓在火灾扑救中的作用，特修订《规范》第4.0.2条的规定：建筑内部消火栓箱门不应被装饰物遮掩，消火栓箱门四周的装修材料颜色应与消火栓箱门的颜色有明显区别或在消火栓箱门表面设置发光标志。并将其列为强制性条文。

三、镜面反光材料

进行室内装修设计时，要保证疏散指示标志和安全出口易于辨认，以免人员在紧急情况下发生疑问和误解。目前在建筑物室内，柱子和墙面镶嵌大面积镜面玻璃的做法较多，镜面玻璃用于公共建筑墙面，可以与灯具和照明结合起来，或光彩夺目，或温馨宁静，能形成各种不同的环境气氛与光影趣味。

由于镜面玻璃能反映周围的景观，所以使空间效果更为丰富和生动，并且可以使视觉延伸，增添独特的华丽感，调节室内的光线。如果将镜面玻璃用于入口处墙面，还能起到连通室内外的效果，层次格外丰富。

但是镜面玻璃也具有一个很大的缺点，即对人的存在位置和走向有一种误导作用。选用镜面反光装修材料后，反射周围材料，营造出相对面积扩大的错觉，提高建筑意境，该作用在正常情况下只是一段小插曲，甚至反而增加一些生活的情趣，但在火灾及其他一些恐慌状态下，这种误导的后果将是致命的灾难。

进行建筑装修设计时要保证疏散指示标志和安全出口易于辨认，以免人员在紧急情况下发生疑问和误解，因此不能在疏散走道和安全出口附近采用镜面、玻璃等反光材料进行装饰。同时考虑到普通镜面反光材料在高温烟气作用下容易炸裂，而热烟气一般悬浮于建筑内上空，故顶棚也限制使用此类材料。

因此《规范》第4.0.3条规定：疏散走道和安全出口的顶棚、墙面不应采用影响人员安全疏散的镜面反光材料。并将其列为强制性条文。

四、疏散走道和门厅

楼层水平通道是水平疏散路线中最重要的一段，它的两端分别连通各个房间和楼梯间。水平通道在疏散设计中被称作第一安全区，当着火房间中的人员逃出房间进入走道后，水平走道应能较好地保障其顺利地走向前室和楼梯。

安全出口是指直通建筑物之外的门厅或楼层楼梯间的门。一般地说，水平方向的疏散到此即告完成，人员开始进入第二安全区——前室或楼梯。人们在前室即可暂时避难，也可由此沿楼梯向下层或楼外疏散。无论如何，此时人的生命已有了基本的安全保障，而需要指出的事实是，人要想较顺利地进入第二安全区，必须重视走廊和安全出口门厅的内装修防火问题。

鉴于建筑物各层的水平疏散通道和安全出口门厅是火灾中人员逃生的主要通道，能保障人员的安全撤离，因而对装修材料的燃烧性能做出规定。

地下建筑与地上建筑很大的一个不同点就是人员只能通过安全通道和出口撤向地面。地下建筑被完全封闭在地下，在火灾中，人流疏散的方向与烟火蔓延的方向是一致的。从这个意义上讲，人员安全疏散的可能性要比地面建筑小很多。为了保证人员最大的安全度，确保各条安全通道和出口自身的安全与畅通是必要的。由于地下民用建筑的火灾特点及疏散走道部位在火灾疏散时的重要性，因此燃烧性能等级要求还要高。

《规范》第4.0.4条规定：地上建筑的水平疏散走道和安全出口的门厅，其顶棚应采用A级装修材料，其他部位应采用不低于B₁级的装修材料；地下民用建筑的疏散走道和安全出口的门厅，其顶棚、墙面和地面均应采用A级装修材料。并将其列为强制性条文。

该条文保障了疏散走道和门厅在火灾中的安全性，发挥了良好的作用，因此在本次修订中，未做改动，仅是将地上建筑和地下建筑进行了合并。

对水平走廊的防火要求比垂直通道楼梯要低一些，但比其他室内的要求又要高一些。这既满足理论逻辑，又符合现实的做法。

五、疏散楼梯间和前室

火灾发生时，位于建筑物二层以上各楼层中的人员都只能经过纵向疏散通道向外撤离。尤其在高层建筑中，一旦纵向通道被火封闭，受灾人员的逃生和消防人员的救援都极为困难。因此《规范》特别做出规定。

原规范中仅对几种类型的楼梯间做出了规定，如无自然采光的楼梯间、封闭楼梯间、防烟楼梯间等。这条规定的本意，一是楼梯不应成为最初的火源地，二是火进入楼梯后不会形成连续燃烧的状态。一般来说，在民用建筑中，对楼梯间并无较高的美观装修要求，并且由于建筑物内纵向疏散通道在火灾疏散中具有重大意义，经过调研，规范编制组删除了原有的分类限制。

因此《规范》第4.0.5条规定：疏散楼梯间和前室的顶棚、墙面和地面均应采用A级装修材料。并将其列为强制性条文。

六、共享空间部位

《规范》第4.0.6条规定：建筑物内设有上下层相连通的中庭、走马廊、开敞楼梯、自动扶梯时，其连通部位的顶棚、墙面应采用A级装修材料，其他部位应采用不低于B₁级的装修材料。

并将其列为强制性条文。

上述的中庭等部位又称作共享空间。近年来，在高层和大型公共建筑中较多地出现了一种称之为波特曼共享空间的特殊建筑形式，它以大型建筑的内部空间为核心，综合多种功能，创造出一个引人注目的美妙环境。这种建筑形式贯穿全楼或多层的封闭天井，使防火分区面积大大超过规定，而且在火灾中热烟很难排出，从而形成巨大的火灾隐患。对此，许多国家都进行了有效的研究，并制定了相应的规定。

《规范》针对建筑物内上下层相连通部位的装修问题提出了具体的规定，就是考虑到这些部位空间高度大，有的上下贯通几层甚至十几层。万一发生火灾时，不符合《规范》规定的连通部位可能起到烟囱一样的作用，使火势无阻挡地向上蔓延，很快充满该建筑空间，给人员疏散造成很大的困难。

这里所谈及的相连通部位，是指被划为在此防火分区内的空间各部位。与之相邻，但被划分为其他防火分区的各部位，不受此要求的限制。

七、变形缝

《规范》第4.0.7条规定：建筑内部变形缝（包括沉降缝、伸缩缝、抗震缝等）两侧基层的表面装修应采用不低于 B_1 级的装修材料。

变形缝上下贯通整个建筑物，嵌缝材料具有一定的燃烧性。此处涉及的部位不大，常不引起人的注意，但一些火灾是通过此部位蔓延，它可以导致垂直防火分区完全失效。

图5-1中对楼层变形缝的基层做法给出了两个方式。从执行本条要求的角度看，第1种方式是不对的，第2种做法是被允许的。

《建筑设计防火规范》GB 50016—2014 中明确规定：变形缝内的填充材料和变形缝的构造基层应采用不燃材料。

电线、电缆、可燃气体和甲、乙、丙类液体的管道不宜穿过

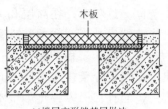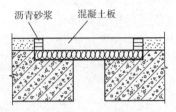

(a)楼层变形缝基层做法一　　　　　(b)楼层变形缝基层做法二

图5-1　楼层变形缝的基层做法

建筑内的变形缝，确需穿过时，应在穿过处加设不燃材料制作的套管或采取其他防变形措施，并应采用防火封堵材料封堵。

因此《规范》删除了原条文中相似的规定，以便于规范之间的协调统一。

八、无窗房间

在许多建筑物中因布局的制约，常常会出现一些无窗房间，即终日依赖人工照明。因此较之其他房间而言，对无窗房间的室内装修防火要求在整体上提高一个等级。

无窗房间发生火灾时有几个特点：①火灾初起阶段不易被发觉，发现起火时，火势往往已经较大。②室内的烟雾和毒气不能及时排出。③消防人员进行火情侦察和施救比较困难。因此将无窗房间的室内装修要求强制性提高一级。

《规范》第4.0.8条规定：无窗房间内部装修材料的燃烧性能等级除A级外，应在表5.1.1、表5.2.1、表5.3.1、表6.0.1、表6.0.5规定的基础上提高一级。并将其列为强制性条文。

对于玻璃幕墙建筑内出现的无窗房间，由于其外墙透明，发生火灾时能从外侧观察到，较之其他无窗房间危险状况略有差别，在执行《规范》时会产生困惑，但由于其没有窗户排除烟气和热量，从防火安全的角度出发，建议按照无窗房间的规定执行。

九、动力机房

由于功能和安全的需要，在许多大型建筑工程中，程度不同地设有各类动力设备用房。这些设备在火灾中均应保持正常运转功能，即对火灾的控制和扑救具有关键作用。从这个意义上讲，这些设备用房绝不允许成为起火源，并且也不允许由于可燃材料的装修，将其他空间的火引入到这些房间中。

因此《规范》第 4.0.9 条规定：消防水泵房、机械加压送风排烟机房、固定灭火系统钢瓶间、配电室、变压器室、发电机房、储油间、通风和空调机房等，其内部所有装修均应采用 A 级装修材料。并将其列为强制性条文。

此处对于排烟机房进行了分类规定，主要是由于目前排烟机房概念模糊，其主要用于存放排烟风机，排烟风机类别、作用各有不同。在实际工程项目中，发现有部分排烟机房和空调机房合并使用，也有部分风机单独放置在室外。

《建筑设计防火规范》GB 50016—2014 中规定，设置在建筑内的防排烟风机应设置在不同的专用机房内。而机械加压送风方式是通过送风机形成气体流动、压力差，从而控制烟气流动，以防止烟气侵入，火灾能够保证人员快速疏散，除了保证该系统能正常运行外，还应保证空气质量的正常，所以加压送风机应传送不受烟气污染的空气。其一旦发生火灾，危险性极大，因此规范对此类机械加压送风排烟机房进行了限制。

发电机房在火灾发生时必须正常工作，储油间属于爆炸危险区域，都必须严格控制可燃物品。

事实上，上述动力机房的内装修采用 A 级材料是完全可以做到的。

十、消防控制室

消防控制室内，放置了大批贵重和关键性的设备。这些设备一旦受火，会造成一定的直接经济损失，并且由于所具有的中控作用，也会导致十分明显的间接损失（另外，有些设备不仅怕火，也怕高温和水渍）；即使火势不大的火灾，也会造成很大的经济损失。消防控制室内一般有人值班，考虑到其舒适性和《规范》的可执行性，对其内部装修又不宜要求过高。

因此《规范》第4.0.10条规定：消防控制室等重要房间，其顶棚和墙面应采用A级装修材料，地面及其他装修应采用不低于B_1级的装修材料。并将其列为强制性条文。

十一、厨房

厨房属明火工作空间，特点是火源多、燃料多、油烟重，电气线路复杂、用电设备多，且作用时间长，用水、用油等操作不当，极易引发火灾，如北京市顺义区2012年度仅厨房火灾就发生28起；2016年5月21日，大连市长兴岛经济开发区位于一家商店二楼的补习班着火，造成三名六年级学生死亡。起火部位位于商店一楼东侧的厨房，起火原因为电炒锅加热至油温过高着火后，引燃周围可燃物，发生火灾。

鉴于此，对厨房内部装修材料的燃烧性能应严格要求。另外，根据厨房的功能特点，一般来说，其装修应具有坚固、长久且易于清洗等特点。目前厨房装修常采用的材料有瓷砖、石材、涂料、马赛克等不燃材料，因此要求厨房的顶棚、墙面、地面这几个部位采用A级装修材料，在实际中是不难做到的。

《规范》第4.0.11条规定：建筑物内的厨房，其顶棚、墙面、地面均应采用A级装修材料。并将其列为强制性条文。

十二、明火餐厅和试验室

随着人们生活水平的提高和旅游业的发展，各地兴建了许多宾馆、饭店和风味餐厅。有的餐馆经营各式火锅，有的风味餐馆使用带有燃气灶的流动餐车。这些火锅和燃气灶现场使用液化气罐、酒精灯等，并且可由客人自己操作火源。在这些地方由于操作失误而导致的火灾和爆炸事件屡有发生。如2013年6月，江苏连云港市一烧烤店，因酒精使用不当，导致火灾事故。鉴于餐厅人员密集，流动性大，管理不便，为了降低因使用明火而增大的引发火灾的危险性，因而在室内装修材料上比同类建筑物的要求高一级。

使用明火的科研实验室，一般其室内药品、设备较多，火灾荷载大，形成的火灾爆炸危险系数高。

因此《规范》第4.0.12条规定：经常使用明火器具的餐厅、科研试验室，其装修材料的燃烧性能等级除A级外，应在表5.1.1、表5.2.1、表5.3.1、表6.0.1、表6.0.5规定的基础上提高一级。并将其列为强制性条文。

十三、库房

民用建筑如酒店、商场、办公楼等均设有库房或贮藏间，存有各类可燃物，其火灾荷载大，平时一般无专人蹲守看管，存在较大的火灾危险性，对装修材料的防火等级做出强制要求。

因此《规范》第4.0.13条规定：民用建筑内的库房或贮藏间，其内部所有装修除应符合相应场所规定外，且应采用不低于B_1级的装修材料。并将其列为强制性条文。

由于很多此类房间并非单独分隔设置，如商场的试衣间内可能同时贮存有大量商品，为尽量减少火灾蔓延的可能性，规定其装修材料应同时符合相关条文，按较高等级执行。

十四、展览性场所

展览经济发展迅速，这类展览性场所具有临时性、多变性的独特之处，其展示区域的布展设计，包括搭建、布景等，采用大量的装修、装饰材料，所以对其装修防火专门列出几条。

当今国际展览都提倡使用环保防火材料，兼顾到目前国内搭建展台时选取材料的多样性、不确定性，故在《规范》中建议展台使用不燃或难燃材料。当展台采用B_1级装修材料时，火灾危险性加大，根据现场调查分析，并参考《商店建筑设计规范》JGJ

48—2014 以及《重庆市大型商业建筑设计防火规范》DBJ 50 - 054—2013 的有关规定，为尽量控制伤亡损失，应控制其可燃展台面积，减少火灾荷载。

部分展会中会设置有电加热设备，与主会场同在一个防火分区，通过调研发现，展厅内设置电加热设备的餐饮操作区，一般与展厅并不作防火分隔，因此要求其电加热设备贴邻的墙面及操作台面应采用 A 级材料，目的是为了防止引发火灾和火灾的蔓延扩大。

绝大部分国家的展览会对电器都有严格的规定，严禁乱接、乱拉电线和擅自安装电气设备，根据我国展览现状，认为高温照明灯具需严加注意，特制定本条。

因此《规范》第4.0.14 条规定：

1 展台材料应采用不低于 B_1 级的装修材料。

2 在展厅设置电加热设备的餐饮操作区内，与电加热设备贴邻的墙面、操作台均应采用 A 级装修材料。

3 展台与卤钨灯等高温照明灯具贴邻部位的材料应采用 A 级装修材料。

另外，需要注意的是，展览建筑内搭建展台时往往容易擅自改动、拆除、遮挡消防设施、疏散指示标志及安全出口，在通道和楼（电）梯前布展和摆放展样品行为很常见，影响疏散通道的正常使用，这类情况都影响消防安全，应避免此类情况的发生。

十五、住宅建筑

住宅建筑作为民用建筑的重要一类，住宅建筑的防火装修必须具有可执行性，《规范》此次添加了一条对其装修防火的规定。

户内装修是住宅装饰装修的重点，也是突出个性化的场所。但是住宅楼内的烟道、风道上下贯通，是重要的功能设施，并关系到整栋建筑的消防安全，在装修设计时，不得拆改。

厨房内常用明火也是容易发生火灾的重点部位，故应使用燃烧性能优良的材料，顶棚、地面、墙面都应参照《规范》规定采用 A 级材料。厨房内的固定橱柜火灾危险性大，应注意其材料燃烧等级。

卫生间室内湿度大，顶棚上如安装浴霸等取暖、排风设备时，容易产生电火花，同时这类取暖设备使用时会产生很高热量，易引燃周围可燃材料，故顶棚建议采用 A 级材料装修。若顶棚装修使用非 A 级材料时，应在浴霸、通风设备周边进行隔热绝缘处理，以提高防火安全性。

阳台往往兼具观景、存放杂物、晾晒衣物等功能，火灾发生时，阳台可防止其竖向蔓延；在特殊危急情况下，阳台外可设置云梯等消防疏散设备连接外界，临时用作人员纵向疏散通道，对其装修材料做出要求，可增强阳台的使用安全性。

因此《规范》第 4.0.15 条规定：

1 不应改动住宅内部烟道、风道。

2 厨房内的固定橱柜宜采用不低于 B_1 级的装修材料。

3 卫生间顶棚宜采用 A 级装修材料。

4 阳台装修宜采用不低于 B_1 级的装修材料。

需要注意的是，根据公共部分标准从严的原则，住宅楼公共部分包括：门厅（商业、住宅楼的大堂）、楼梯间、电梯间、前室等装修材料的燃烧等级，对整幢楼的消防安全具有重要的作用，也要严格按照《规范》前述条文的规定严格使用装修材料。

十六、灯具和灯饰

照明灯具的高温部位，当靠近非 A 级装修材料时，应采取隔热、散热等防火保护措施。由照明灯具引发火灾的案例很多。如1985 年 5 月某研究所微波暗室发生火灾，该暗室的内墙和顶棚均贴有一层可燃的吸波材料，由于长期与照明用的白炽灯泡相接触，引起吸波材料过热，阴燃起火；1986 年 10 月某市塑料工业公司经营部发生火灾，其主要原因是日光灯的镇流器长时间通电过热，引燃四周紧靠的可燃物，并延烧到胶合板木龙骨的顶棚；1993 年 8月，北京市隆福商业大厦旧楼一层礼品柜台处发生火灾，直接经济损失 2148.9 万元，火灾原因是灯箱内的日光灯长时间通电，造成短路，线圈产生的高温引燃固定镇流器的木质材料。

这里没有具体地规定高温部位与非 A 级装修材料之间的距离。这是因为现在市场上出现的灯具千变万化，而各种照明灯具在使用过程中释放出来的辐射热量大小，连续工作时间的长短，与其相邻的装修材料对火反应特性，以及不同防火保护措施的效果等都各不相同，甚至差异极大。对如此复杂的现状规定一个确切的指标显然是不可能的，只能由设计人员本着"保障安全、经济合理、美观实用"的原则，并视各种具体情况采取相适应的做法和防范措施。

窗帘、帷幕、幕布、软包等材料火灾危险性大，与电气线路接触很容易引发火灾，应当控制距离，防范危险。

随着室内装修逐渐向高档化发展，各种类型的灯具也应运而生。灯饰本身具有二重功能，一是遮光，二是美化环境。而从发展看，遮光的作用逐渐弱化，而美观作用进一步强化。目前制作灯饰的材料包括金属、玻璃等不燃性材料，但更多的是硬质塑料、塑料薄膜、棉织品、丝织品、竹木、纸类、麻类等可燃材料。灯饰往往靠近热源，并且处于最易燃烧的垂直状态，所以对 B_2 级、B_3 级的材料加以限制。如果由于装饰效果的要求必须使用 B_2、B_3 级的材料，则应用阻燃处理的办法使其达到 B_1 级的要求。

因此《规范》第 4.0.16 条规定：照明灯具及电气设备、线路的高温部位，当靠近非 A 级装修材料或构件时，应采取隔热、散热等防火保护措施，与窗帘、帷幕、幕布、软包等装修材料的距离不应小于 500mm；灯饰应采用不低于 B_1 级的材料。

十七、配电箱、电气

自 20 世纪 80 年代以来，由电气设备引发的火灾占各类火灾的比例日趋上升。1976 年电气火灾仅占全国火灾总次数的 4.9%；1980 年为 7.3%；1985 年为 14.9%；到 1988 年上升到 38.6%，近年来我国电气火灾更是占据火灾起因的首位。但是日本等发达国家人均用电量是我国的 5 倍以上，而电气火灾仅占火灾总数的 2% ~3% 。

1996 年 12 月 4 日，湖南省安乡县城关镇大富豪夜总会因电线故障引发火灾，11 人葬身火海，裸露的电线和混乱的电气线路直接导致该事故的发生；2013 年 6 月 3 日，吉林省长春市宝源丰禽业有限公司发生特别重大火灾爆炸事故，共造成 121 人死亡，直接经济损失 1.82 亿元，火灾原因是电气线路短路，引燃周围可燃物，火势蔓延到氨设备区，高温导致物理爆炸。

我国电气火灾日益严重的原因是多方面的：①电线陈旧老化；②违反用电安全规定；③电器设计或安装不当；④家用电器设备大幅度增加。另外，由于室内装修采用的可燃材料越来越多，增加了电气设备引发火灾的危险性，必须对此做出防范。

根据火灾现场，由地上的接线板引发的火灾数量较大，接线板、插座等都位于家具的后边、墙角下、电视柜旁、床头柜下各处，配电箱、控制面板、接线盒、开关、插座等产生的火花、电弧或高温熔珠容易引燃周围的可燃物，电气装置也会产热引燃装修材料，在装修防火设计上可采取一定隔离措施，防止危险发生。

因此《规范》第 4.0.17 条规定：建筑内部的配电箱、控制面板、接线盒、开关、插座等不应直接安装在低于 B_1 级的装修材料上；用于顶棚和墙面装修的木质类板材，当内部含有电器、电线等物体时，应采用不低于 B_1 级的材料。

所以对于电气防火应格外注意，预防灯具、插头、电器、线路短路、过载等引发的火灾。

对于木质类板材，靠近发热的电气线路极易引发火灾。顶棚、墙面在进行装修时，其线路一般被隐藏于墙壁内，以保持室内的整洁美观。当木质类板材内部含有电器、电线等物体时，应选择经过阻燃处理的材料，使其达到 B_1 级。

需要注意的是，如果电线被埋设于混凝土等墙体内部，并采用无机装修材料涂覆后，外部饰以各类木板，可以遵循相应的场所规定，选取装修材料。

十八、电加热供暖系统

近年来，采用电加热供暖系统的室内场所，如汗蒸房等已发生多起火灾，汗蒸房顶棚、墙面、地面材料，很多采用如液态电气石、粉末状电气石、电热膜、导热片、电阻丝等各类材料进行加热，材料一般固定于龙骨，外层贴附竹帘，以形成美观、实用的效果，该系统绝热层、填充层和饰面层采用的可燃材料，在长时间通电使用的情况下，容易产生故障、异常、过热现象，当电加热设备起火后，极易引燃周围的可燃物，导致人员伤亡。2017年2月5日浙江省台州市天台县一家足浴中心的汗蒸房发生火灾，造成18人死亡、18人受伤的惨痛事故。为吸取这类火灾事故教训，《规范》对此类场所加热设备周围材料的燃烧性能提出严格要求。

《规范》第4.0.18条规定：当室内顶棚、墙面、地面和隔断装修材料内部安装电加热供暖系统时，室内采用的装修材料和绝热材料的燃烧性能等级应为A级。当室内顶棚、墙面、地面和隔断装修材料内部安装水暖（或蒸汽）供暖系统时，其顶棚采用的装修材料和绝热材料的燃烧性能应为A级，其他部位的装修材料和绝热材料的燃烧性能不应低于B_1级，且尚应符合本规范有关公共场所的规定。

十九、饰物

《规范》第4.0.19条规定：建筑内部不宜设置采用B_3级装饰材料制成的壁挂、布艺等，当需要设置时，不应靠近电气线路、火源或热源，或采取隔离措施。

在公共建筑中，经常将壁挂、雕塑、模型、标本等作为内装修设计的内容之一。这些饰物有相当多的一部分是易燃的，其放置的位置欠妥时，势必留下隐患，1994年11月27日，辽宁阜新艺苑歌舞厅发生火灾，造成233人死亡，该歌舞厅使用大量易燃材料装修，四周墙壁悬挂化纤装饰布——棉丙胶织布，燃烧速度快，产生大量有毒烟雾，并形成带火的熔滴，致使起火后火势迅速蔓延。

为此对于此类材料应加以必要的限制。如确需做一些类似的装饰时，应将它们隔离火源和热源。

值得注意的是，原规范中原来有一条专门针对多孔和泡沫塑料的条款，在《规范》制定初期，大量该类材料应用于装修设计，且无替代产品，但是多孔和泡沫塑料比较容易燃烧，而且燃烧时产生的烟气对人体危害较大。在实际工程中，有些时候因功能需要和美观点缀，必须在顶棚和墙的表面的局部采用一些多孔或泡沫塑料。为此，原规范在允许采用这些材料的同时，在使用面积和厚度两个方面对此加以限制。

随着材料技术的发展，目前出现了很多新的装修材料及工艺技术，可以选取新型的材料，或者通过对该类材料进行阻燃处理，以达到《规范》后续表格中各类场所的具体要求，因此在《规范》此次修订中删除了该条。

第六章　民用建筑装修防火

建筑内部装修材料的选用，根据建筑的功能、规模、部位等的不同，造成的火灾危险性区别较大，为了方便对于装修材料的使用和监督，《规范》按照单、多层，高层，地下民用建筑三类，分别规定了材料的燃烧性能等级。

一、单层、多层民用建筑

1. 单层、多层民用建筑内部各部位装修材料的燃烧性能等级

在《规范》中，表6-1中给出的装修材料燃烧性能等级是允许使用材料的基准级制，按此等级规范装修材料的选用，以减少火灾危害。

表6-1　单层、多层民用建筑内部各部位装修材料的燃烧性能等级

序号	建筑物及场所	建筑规模、性质	顶棚	墙面	地面	隔断	固定家具	窗帘	帷幕	其他装修装饰材料
1	候机楼的候机大厅、贵宾候机室、售票厅、商店、餐饮场所等	—	A	A	B₁	B₁	B₁	B₁	—	B₁
2	汽车站、火车站、轮船客运站的候车（船）室、商店、餐饮场所等	建筑面积>10000m²	A	A	B₁	B₁	B₁	B₁	—	B₂
		建筑面积≤10000m²	A	B₁	B₁	B₁	B₁	B₁	—	B₂
3	观众厅、会议厅、多功能厅、等候厅等	每个厅建筑面积>400m²	A	A	B₁	B₁	B₁	B₁	B₁	B₁
		每个厅建筑面积≤400m²	A	B₁	B₁	B₁	B₂	B₁	B₁	B₂

续表 6 - 1

序号	建筑物及场所	建筑规模、性质	装修材料燃烧性能等级							
			顶棚	墙面	地面	隔断	固定家具	装饰织物		其他装修装饰材料
								窗帘	帷幕	
4	体育馆	>3000 座位	A	A	B_1	B_1	B_1	B_1	B_1	B_2
		≤3000 座位	A	B_1	B_1	B_1	B_2	B_2	B_1	B_2
5	商店的营业厅	每层建筑面积 >1500m² 或总建筑面积 >3000m²	A	B_1	B_1	B_1	B_1	B_1	—	B_2
		每层建筑面积 ≤1500m² 或总建筑面积 ≤3000m²	A	B_1	B_1	B_1	B_2	B_1	—	B_2
6	宾馆、饭店的客房及公共活动用房等	设置送回风道（管）的集中空气调节系统	A	B_1	B_1	B_1	B_2	B_2	—	B_2
		其他	B_1	B_1	B_2	B_2	B_2	B_2	—	—
7	养老院、托儿所、幼儿园的居住及活动场所	—	A	A	B_1	B_1	B_2	B_1		B_2
8	医院的病房区、诊疗区、手术区	—	A	A	B_1	B_1	B_2	B_1		B_2
9	教学场所、教学实验场所	—	A	B_1	B_2	B_2	B_2	B_2	B_2	B_2
10	纪念馆、展览馆、博物馆、图书馆、档案馆、资料馆等的公众活动场所	—	A	B_1	B_1	B_1	B_2	B_1		B_2
11	存放文物、纪念展览物品、重要图书、档案、资料的场所	—	A	A	B_1	B_1	B_2	B_1	—	B_2
12	歌舞娱乐游艺场所	—	A	B_1	B_1	B_1	B_1	B_1	B_1	B_1

续表 6 – 1

序号	建筑物及场所	建筑规模、性质	装修材料燃烧性能等级							
			顶棚	墙面	地面	隔断	固定家具	装饰织物		其他装修装饰材料
								窗帘	帷幕	
13	A、B 级电子信息系统机房及装有重要机器、仪器的房间	—	A	A	B_1	B_1	B_1	B_1	B_1	B_1
14	餐饮场所	营业面积 > 100m²	A	B_1	B_1	B_1	B_2	B_1	—	B_2
		营业面积 ≤ 100m²	B_1	B_1	B_1	B_2	B_2	B_2	—	B_2
15	办公场所	设置送回风道（管）的集中空气调节系统	A	B_1	B_1	B_1	B_2	B_2	—	B_2
		其他	B_1	B_1	B_2	B_2	B_2	—	—	—
16	其他公共场所	—	B_1	B_1	B_2	B_2	B_2	—	—	—
17	住宅	—	B_1	B_1	B_1	B_1	B_2	B_2	—	B_2

需要注意的是，表格中画横线的位置，表示允许使用 B_3 级材料。

在本次规范修订过程中，将单、多层，高层，地下民用建筑的场所进行了统一整理，使得规范逻辑更加顺畅，使用起来更加方便。

目前中国经济高速发展，出现了大量复杂多功能的建筑类型，《规范》必须对特殊功能及多功能、综合性建筑所提出的问题积极处理。如剧场、剧院等建筑附属空间设置有办公室；奥运场馆里兼置宾馆、饭店、服装卖场等；商业建筑里包含很多不同的空间类型，如写字楼、酒店等，材料的装修等级在选用时会产生疑问。为了使多功能建筑的规定更为明确，《规范》按照其使用功能或部位对建筑进行分类，从最安全的角度来考虑建筑的耐火要求。

表 6-1 中序号 1: 随着经济的迅速发展, 我国机场候机楼的设计和建设面积规模都大幅度地提高, 据统计, 直辖市、省会城市及经济发达城市的新建候机楼面积一般都在 50000m² 以上, 而且今后还有继续发展扩大的趋势, 如:

首都机场 3# 航站楼: 986000m² 上海浦东新航站楼: 800000m²,
广州新白云机场: 310000m², 沈阳桃仙机场: 70000m²,
南京禄口机场: 132000m², 济南遥墙机场: 78000m²,
杭州萧山机场: 78000m², 哈尔滨太平机场: 67000m²,
昆明巫家坝机场: 76900m², 福州长乐机场: 137000m²,
深圳宝安机场: 146000m², 厦门高崎机场: 149000m²,
桂林两江机场: 50000m², 青岛流亭机场: 64000m²。

候机楼建筑面积在 10000m² 以下的已经比较少见, 并且候机楼内人员密度比 20 世纪 90 年代明显增大, 火灾荷载增多, 所以对候机楼提出了较高的要求。

候机楼是典型的大空间建筑, 很多通过性能化防火设计, 设定了特殊的防火安全系统, 其消防措施作用困难。无论位于单、多层建筑还是高层建筑中, 其主要的防火点在于为旅客服务设施配置的各类电器设备, 旅客的吞吐量大, 各类行李难免有易燃易爆品。

2013 年 10 月 27 日, 广州白云机场航站楼出发厅一电子显示屏起火, 蔓延至旁边商铺, 火灾虽然没有造成人员伤亡, 但是造成 24 个航班延误, 侵害了旅客和航空公司权益。因此对这类场所的隔断和固定家具的材料等级要求都为 B_1 级, 以尽量将火灾控制在初起状态, 防止蔓延。

候机楼里安装有大量供旅客休息的座椅, 这类座椅都可以认为是固定家具, 要求达到 B_1 级, 部分座椅并非常见的金属座椅, 而是椅上加设软垫等材料, 该座椅也应经过材料耐火试验, 整体达到 B_1 级。

候机楼的主要防火部位是候机大厅、贵宾候机室、售票厅商店、餐饮场所等, 这些部位人员密集, 火灾危险性较大, 其装修材料防火等级按表中规定执行。

表6-1中序号2：与候机楼相比，火车站、汽车站和轮船码头等无论在数量上还是在装修层次上都有很大的差异。对这部分建筑的处理，总体上应体现出宜粗不宜细的风格，并且这类建筑物的规模一般要小于候机楼。为此，根据它们的建筑面积划分成两类。要求的部位主要限定在候车（船）室、商店、餐饮场所等公共空间。

由于汽车站、火车站和轮船码头有相同的功能，所以把它列为同一类别。

建筑面积大于10000m²的，一般指大城市的车站、码头，如北京站、上海站、上海码头等。

建筑面积等于或小于10000m²的，一般指中、小城市及县城的车站、码头。

表6-1中序号3：观众厅、会议厅、多功能厅、等候厅等属人员密集场所，内装修要求相对较高，主要对应原规范中影院、会堂、礼堂、剧院、音乐厅等公共娱乐场所。

从使用功能上看，这几类场所的装修要求是有区别的，其中应以观众厅的要求最为特殊，因此将其单列出来似乎更合理。但是，考虑到各类影剧院发展的趋势，对音响、舒适性的要求提高，以及会议厅、多功能厅、等候厅等的多功能化，所以将它们合为一类，也是一种简化处理的办法。

随着人民生活水平不断提高，影剧院的功能逐步增加。如深圳大剧院就是一个多功能的剧院，演出形式多种多样，舞台面积近3000m²。影剧院的火灾危险性大，如新疆克拉玛依某剧院在演出时因光柱灯距纱幕太近，引燃形成特大火灾事故，造成325人死亡、132人受伤。其中，中小学生288人，干部、教师及工作人员37人；上海某剧院在演出时因碘钨灯距幕布太近，引燃成火灾；另一电影院因吊顶内电线短路打出火花引燃可燃吊顶起火。

《规范》根据场所定位，有针对性地采用装修防火材料，以减少火灾的危险性。在表6-1中将场所的防火级别用面积来划分，主要是由于面积增大，人员数量增加，疏散难度加大，多功能厅、等候厅等场所虽然座位布置数量少，但部分时段人员密度大，火灾危险性仍然很大。同时基于《建筑设计防火规范》GB 50016—2014 在对影院、礼堂、剧场进行平面布置的规定，当其布置在四层及以上楼层时，一个厅、室的疏散门不应少于 2 个，且每个观众厅或多功能厅的建筑面积不宜大于 400m²；同时不小于 400m² 的演播室被认定为发生火灾蔓延快，需尽快控制的高火灾场所，《规范》采用每个厅建筑面积为 400m² 将这类场所进行了区分。

考虑到这类建筑物在火灾发生时逃生的困难，以及它们的窗帘和幕布具有较大的火灾危险性，所以要求均采用 B_1 级材料制成的窗帘和幕布。这个要求相对而言是较高的，以保障群众的生命安全。

表 6–1 中序号 4：近年来，国内各大中城市兴建的体育馆其容量规模多在 3000 人以上，所以在《建筑设计防火规范》GB 50016—2014 中将体育馆观众厅容量规模的最低限规定为 3000 人。《规范》中将体育馆类建筑用 3000 座位数分为两类，就是考虑一方面适应《建筑设计防火规范》GB 50016—2014 的有关要求，另一方面适应目前客观存在，且今后有可能出现的一些小型体育馆建筑的需要，此处体育馆装修材料的限制针对馆内所有场所，对于体育馆中出现的商店营业厅、办公室等表内有规定的场所，应同时遵从其相应的场所规定，如有冲突，按等级要求较高者执行。

表 6–1 中序号 5：全国各类商店数不胜数，在各类公共建筑中高居榜首，其规模也千差万别，但它们共有的特性是可燃货物多，火灾荷载大，人员高度聚集且成分复杂。上海 1990 年曾发生某百货商场火灾事故，该商场建筑面积为 14000m²，电器火灾引燃了大量商品，损失达数百万元；2004 年吉林市中百商厦发生特大火灾，造成 53 人死亡。因此商店的火灾危险性不容小觑。

商店的主要火险部位是营业厅，《规范》仅指其买卖互动区，该部位货物集中，人员密集，且人员流动性大。

商店两个类别的划分参照《建筑设计防火规范》GB 50016—2014 的规定，在《建筑设计防火规范》GB 50016—2014 中明确规定，每层建筑面积 > 1500m² 或总建筑面积 > 3000m² 的商店火灾危险性大，发生火灾后可能导致严重的经济损失和人员伤亡，应设置自动灭火系统，以扑救建筑内的初期火灾。

需要注意的是，此处商店指候机楼、汽车站、火车站、轮船客运站以外的商店，并且对于面积的划分是针对商店的营业厅面积。

商店由于其使用性质决定，贯通面积较大，空间顶棚是个重要部位，故要求选用 A 级。

表 6-1 中序号 6：国内多层饭店、宾馆数量大，情况比较复杂，以往高级宾馆的定义一般为内含中央空调、豪华装修，但是该含义相对模糊，有关规范对设有中央空调系统的饭店、旅馆建筑提出了专门的防火设施，其目的是为了防止火灾在这类建筑中的蔓延。

《规范》将其划为两类。设置有送回风道（管）的集中空气调节系统的宾馆、饭店具有较大的火灾蔓延危险，一般装修材料应用较多，新型材料的使用较为常见，尤其宾馆内人员对疏散路线并不熟悉，往往处于睡眠状态，发生危险较难自知，对其装修材料做出规定，以减少火灾发生。

饭店、宾馆的部位较多，包括许多不同功能的空间，这里主要指两个部分，即客房、公共活动用房。

表 6-1 中序号 7、8：在原规范中将幼儿园、托儿所、医院病房楼、疗养院、养老院等类建筑归为一大类，是鉴于两种考虑：一是这些建筑基本上均为社会福利型建筑，因而做豪华高档装修的可能性不大；二是居住在这些建筑中的人都在不同程度上具有思维和行为上的缺憾，如儿童智力未完善，缺乏独立判断和自我保护的智力和能力，而医院等建筑中的病人和老人，暂时或永久地丧失了智能和体能，一旦出现火灾，同样不具有正常人的应变能力。

考虑到这些场所高档装修少，一般顶棚、墙面和地面都能达到规范要求，对窗帘等织物有较高的要求，这是此类建筑的重点所在。在事实上，这种程度的要求也是不难达到的。

另外，将原规范的规定针对整栋建筑，修改为针对具体的场所。养老院、托儿所、幼儿园的居住及活动场所，其使用人员大多缺乏独立疏散能力；医院的病房区、诊疗区、手术区一般有大量病人，疏散能力亦很差，为此，对这类场所提高装修材料的燃烧性能等级是必要的和合理的。

这类建筑物中工作人员的居住场所，也应按照此栏规定执行，主要考虑到，此类居住场所一般为集体宿舍，床铺相连，火灾荷载密度大，私拉电线、电器违规乱用现象严重，人员流动性大，因此应防范火灾风险。

对于这类建筑物里的办公室、会议室等场所，其使用人员一般成熟理智，具备消防常识，可遵循相应的场所规定执行。

在本次修订中，将其分为两栏，主要是由于高层建筑、地下建筑中对这几类场所的规定有所不同。

表 6-1 中序号 9：原规范对中、小学的装修材料燃烧性能等级进行了规定，教学场所、教学实验场所参考原规范规定及执行情况，对其进行了完善，该类场所内学生心理发育尚未成熟，突发性事件时有发生，根据其建筑功能，对这两类场所做出规定。

帷幕作为建筑室内装饰的软隔断，在教学楼内无特殊用途，一般教学实验场所主要用于遮挡教学机械设备、分隔化学物品等，其位置靠近电器设备和火源、热源，带来相应的火灾危险，但是此类场所一般会有老师监督管理，因此《规范》规定，采用不低于 B_2 级的织物，避免其引发火灾。

表 6-1 中序号 10：纪念馆、展览馆等建筑物重要与否，常常是由其内含物品的价值所决定的。一般来说，收藏级别越高的或展览规模越大的，其重要程度越高。但是通过相关场所的调研发现，目前很多省级以下的这类建筑物内存储的物品亦具有独特难觅的特质，并且部分时段人员流量很大，因此对该类场所不再按

建筑规模进行区分。

需要注意的是，此处特指纪念馆、展览馆、博物馆、图书馆、档案馆、资料馆等的公众活动场所，而物品存放场所需要遵循下一栏的规定。

表 6-1 中序号 11：该栏主要指各类建筑中用于存放图书、资料和文物的房间。图书、资料、档案等本身为易燃物，一旦发生火灾，火势发展迅速。有些图书、资料、档案文物的保存价值很高，一旦被焚，不可重得，损失更大。

存放文物、纪念展览物品、重要图书、档案、资料的场所，不论其设置在哪一类建筑当中，其装修材料的要求必须符合本栏的规定，并且这类场所内安装有消防设施之后，其装修材料的耐火等级仍然不能降低。

本栏和序号 10 规定的场所为同一部位时，应按照较严格的规定选取装修材料，以从最大程度上保证各类历史古籍、文物、档案等珍贵物品的安全。

表 6-1 中序号 12：近年来，歌舞娱乐游艺场所屡屡发生一次死亡数十人或数百人的火灾事故，其中一个重要的原因是这类场所为了提高盈利，非常注重客户的体验度，通过装修设计，使宾客产生舒适感，使用大量可燃装修材料，实现功能需求。发生火灾时，这些材料产生大量有毒烟气，导致人员在很短的时间内窒息死亡。

如 2008 年 9 月 20 日，深圳市龙岗区舞王俱乐部发生特大火灾事故，过火面积仅 150m²，造成 44 人死亡，事故直接原因为舞台上烟火表演引燃天花板。因此对于此类场所，顶棚材料的装修等级限定为 A 级，并且在安装消防设施后，所有的装修材料等级也不可以降低。

此处需要注意的是，本规范中的歌舞娱乐游艺场所，主要指歌舞厅、卡拉 OK 厅（含具有卡拉 OK 功能的餐厅）、夜总会、桑拿浴室（除洗浴部分外）、游艺厅（含电子游艺厅）、网吧等歌舞娱乐游艺场所。

和原规范相比，删除了录像厅、放映厅，对于这类放映场所，如电影院的观众厅等，可遵循表 6-1 中序号 3 的规定执行，当场所有多种功能时，按照要求更严格的一栏执行。

表 6-1 中序号 13：电子信息系统机房的划分，按照《电子信息系统机房设计规范》GB 50174—2008 的规定确定。根据机房的使用性质、管理要求及其在经济和社会中的重要性划分为 A、B、C 三级。

A 级：最高级别，主要是指涉及国计民生的机房设计。其电子信息系统运行中断将造成重大的经济损失或公共场所秩序严重混乱。像国家气象台，国家级信息中心、计算中心，重要的军事指挥部门，大中城市的机场、广播电台、电视台、应急指挥中心，银行总行等属 A 级机房。

B 级：定义为电子信息系统运行中断将造成一定的社会秩序混乱和一定的经济损失的机房。科研院所，高等院校，三级医院，大中城市的气象台、信息中心、疾病预防与控制中心、电力调度中心、交通（铁路、公路、水运）指挥调度中心，国际会议中心，国际体育比赛场馆，省部级以上政府办公楼等属 B 级机房。

A 级或 B 级范围之外的电子信息系统机房为 C 级。

《建筑设计防火规范》GB 50016—2014 中规定 A、B 级电子信息系统机房内的主机房应设置自动灭火系统，《规范》对该类机房的规定也体现了规范之间的协调，从装修材料的选用上着手，尽量减少火灾的发生。

《电子信息系统机房设计规范》GB 50174—2008 进行了修订，并于 2018 年 1 月 1 日实施《数据中心设计规范》GB 50174—2017，产生了新旧版本更替问题。由于《规范》第 5.1.1 条依据《建筑设计防火规范》GB 50016—2014 制定，因此在该条执行过程中，如产生冲突，宜按材料燃烧等级要求较高者执行，或由企业结合自身需求与能力，进行协商处理。

《规范》中指出的重要机器、仪器，主要还是对应《建筑设计防火规范》GB 50016—2014 中的特殊重要设备，主要指设置在重要部位和场所中，发生火灾后将严重影响生产和生活的关键设备。如化工厂中的中央控制室和单台容量300MW机组及以上容量的发电厂的电子设备间、控制室、计算机房及继电器室等。

此类设备或本身价格昂贵，或影响面大，失火后会造成重大损失。有些设备不仅怕火，也怕高温和水渍，即使火势不大，也会造成很大的经济损失。如1985年5月某大学微电子研究所火灾，烧毁IBM计算机22台，苹果计算机60台，红宝石激光器一台，直接经济损失58万余元。此外，还烧毁大量资料，使用多年的研究成果毁于一旦。

在安装消防设施后，该类场所内所有的装修材料等级也不可以降低。

表6-1中序号14：餐饮场所一般处于繁华的市区临街地段，且场所内人员密度较大，情况比较复杂，加之设有明火操作间和线路繁复的灯光设备，营造出各式各样的就餐氛围，因此引发火灾的危险概率高，火灾造成的后果严重，故对它们提出了较高的要求。

此处餐饮场所指候机楼、汽车站、火车站、轮船客运站以外的餐饮场所。并且不仅仅包括独立建造、专门用于该类用途的建筑物，设在其余各类型建筑里的餐饮场所基本都包括在内。

表6-1中序号15：对设置送回风道（管）的集中空气调节系统的办公场所装修材料等级要求较为严格，主要是由于空调不仅功率大，而且需要在高温环境长时间运行，绝缘老化很容易导致短路、部件故障从而引发火灾。

此类中央空调系统包括主机、室内机、管材等多部件，作为一项系统工程，安装施工非常重要，其不恰当的安装，如阳光直射室外机，距离火源、热源较近，排风散热受阻等都是火灾因素，用户的使用习惯更是千差万别，因此空调引发的火灾也是频频发生。2011年5月，北京市海淀区天下城市场由于空调短路引发火灾，造成巨大经济损失；2018年1月，南京市河西区金鹰世界空调引发火灾也备受关注。

这类集中空气调节系统的火灾蔓延危险大,《建筑设计防火规范》GB 50016—2014 中对这一类场所且总建筑面积大于 $3000m^2$ 的办公建筑规定应设置自动灭火系统,也充分表明了对这类系统引发的火灾危险的重视。因此《规范》按照此类系统的设置与否将办公场所分为两类。设置有此类系统的办公场所要求其顶棚材料应为 A 级材料,以尽量减少火灾风险。

表 6 – 1 中序号 16:《规范》经过调研,根据公共场所不同的功能及火灾特点、危险性进行分类,分别对装修材料的燃烧性能做出规定。但是部分场所未曾囊括在内。对于表 6 – 1 上述栏目中未曾提到的其他公共场所,尽量首先遵循相近功能场所的材料燃烧性能等级规定,没有相类似功能的场所规定,则应遵循本栏的规定。

表 6 – 1 中序号 17:住宅的规定主要针对由建设单位负责统一设计和施工的室内装修,均应执行本《规范》。对于其他如住户个人自行完成装修或个人委托装修公司完成的装修设计,建议也按照本《规范》规定执行,以保障个人的生命财产安全。

2. 建筑物局部放宽条件

表 6 – 1 中的要求是对单层和多层民用建筑的最基准要求。《规范》另外做出规定,除《规范》中规定的"特别场所"一章中的场所,以及表 6 – 1 中序号为 11 ~ 13 规定的部位外,单层、多层民用建筑内面积小于 $100m^2$ 的房间,当采用耐火极限不低于 2.00h 的防火隔墙和甲级防火门、窗与其他部位分隔时,其装修材料的燃烧性能等级可在表 6 – 1 的基础上降低一级。

我们所遇到的大部分建筑物,都存在着一些有特别使用功能的局部空间,而由于它们的特殊性和专用性,对其内装修的档次要求有别于该建筑物整体内装修布局。由此会出现建筑物的主体各部位满足规范规定的各项防火装修要求,但这些特殊的专用房间却无法符合规范的规定。

遇到这种情况,可采用两种办法解决,一是将这些局部装修的水平降下来,与其他部位相同;二是将整个建筑物的防火等级提高，以满足局部装修的等级要求。这两种方法中的第一种，事实上未达到设计意图，第二种又造成浪费。因此对实际工程而言，上述两种办法均不可取。

《规范》考虑到一些建筑物大部分房间的装修材料选用均可满足规范的规定，并且该部位又无法设立自动报警和自动灭火系统时，可在具备一定条件的基础上，对这些局部空间予以适当的放松要求。但是所放松要求的房间的面积不能超过100m^2，此处所指的房间面积指建筑的使用面积，主要是基于建筑内部在进行装修设计时，一般是按照项目的实际使用面积进行施工安装。

经过调研可知，大约有85%的火灾其持续时间在1.5h以内，因此《规范》规定应采用耐火极限不低于2.00h的防火隔墙，和甲级防火门、窗做好防火分隔，以保证在该类场所中发生的火灾不至于波及其他部位。

3. 消防系统设备设置后的放宽要求

建筑物的防火安全性是由建筑、消防、材料等各专业和相应的设计共同保证的，装修材料的选择只是安全系统中的一环。因此内装修设计防火要求必须要综合考虑其他防火系统介入之后所带来的影响。基于这点，对一部分设置有其他消防设备的建筑，应考虑对原规定的内装修防火等级在基准级别水平上做适当的放松要求。

因此《规范》指出，当单层、多层民用建筑需做内部装修的空间内装有自动灭火系统时，除顶棚外，其内部装修材料的燃烧性能等级可在表6-1规定的基础上降低一级；当同时装有火灾自动报警装置和自动灭火系统时，其装修材料的燃烧性能等级可在表6-1规定的基础上降低一级。

应该说，《规范》的这条规定是比较科学、合理的。在国外的一些规范条文中也有类似的做法。如美国标准《人身安全规范》NFPA101中规定，如采取自动灭火措施，所用装修材料的燃烧性能等级可降低一级。日本《建筑基准法》中规定，如采取水喷淋等自动灭火措施和排烟措施，内装修材料可不限制。对于放宽要求应正确理解和积极采用，它给予了设计和建设部门一定的灵活余地，有利于一些复杂问题的解决。

需要注意的是，该条文在本次修订中有一个较大的变动，原规范规定，当单层、多层民用建筑内装有火灾自动报警装置和自动灭火系统时，顶棚装修材料的燃烧性能等级可在《规范》对应表格规定的基础上降一级，其他装修材料的燃烧性能等级可不限制。

原规定大大降低了内装修材料的燃烧性能等级，此条在修订过程中，规范编制组做了大量的工程实际应用调研。发现我国目前处于经济高速发展时期，系统设备的正常运行依靠产品质量、施工、监督等多管齐下方可奏效，系统本应在火灾初起迅速控制火势，但是在火灾发生后，不能正常启动运行的情况屡屡发生，内装修材料不受限制的使用，形成了不小的火灾隐患，所以《规范》在此次修订中对本条做出了修改。

需要特别注意的是，特别场所和表 6 - 1 中序号为 11 ~ 13 规定的部位，在安装有这类设备后，其装修材料的燃烧性能等级也不应该降低，按表 6 - 1 中的规定执行。

二、高层民用建筑

《规范》对于民用建筑的分类，参考《建筑设计防火规范》GB 50016—2014 执行。根据建筑高度和层数，《建筑设计防火规范》GB 50016—2014 将民用建筑分为单、多层民用建筑和高层民用建筑。高层民用建筑根据其建筑高度、使用功能和楼层的建筑面积可分为一类和二类，如表 6 - 2 所示。

表 6 - 2　民用建筑的分类

名称	高层民用建筑		单、多层民用建筑
	一类	二类	
住宅建筑	建筑高度大于 54m 的住宅建筑（包括设置商业服务网点的住宅建筑）	建筑高度大于 27m，但不大于 54m 的住宅建筑（包括设置商业服务网点的住宅建筑）	建筑高度不大于 27m 的住宅建筑（包括设置商业服务网点的住宅建筑）

续表 6 – 2

名称	高层民用建筑		单、多层民用建筑
	一类	二类	
公共建筑	1. 建筑高度大于 50m 的公共建筑; 2. 建筑高度 24m 以上部分任一楼层建筑面积大于 1000m² 的商店、展览、电信、邮政、财贸金融建筑和其他多种功能组合的建筑; 3. 医疗建筑、重要公共建筑; 4. 省级及以上的广播电视和防灾指挥调度建筑、网局级和省级电力调度建筑; 5. 藏书超过 100 万册的图书馆、书库	除一类高层公共建筑外的其他高层公共建筑	1. 建筑高度大于 24m 的单层公共建筑; 2. 建筑高度不大于 24m 的其他公共建筑

注: 1. 表中未列人的建筑,其类别应根据本表类比确定。

　　2. 除《建筑设计防火规范》GB 50016—2014 另有规定外,宿舍、公寓等非住宅类居住建筑的防火要求,应符合《建筑设计防火规范》GB 50016—2014 有关公共建筑的规定。

　　3. 除《建筑设计防火规范》GB 50016—2014 另有规定外,裙房的防火要求应符合《建筑设计防火规范》GB 50016—2014 有关高层民用建筑的规定。

1. 高层民用建筑内部各部位装修材料的燃烧性能等级

　　根据表6 – 2,在高层民用建筑的分类基础上,《规范》指出高层民用建筑内部各部位装修材料的燃烧性能等级,不应低于表6 – 3 中的规定。表6 – 3 中建筑物类别、场所及建筑规模是根据《建筑设计防火规范》GB 50016—2014 中的有关内容并结合室内装修设计的特点划分的。

表6-3　高层民用建筑内部各部位装修材料的燃烧性能等级

序号	建筑物及场所	建筑规模、性质	顶棚	墙面	地面	隔断	固定家具	窗帘	帷幕	床罩	家具包布	其他装修装饰材料
								装饰织物				
1	候机楼的候机大厅、贵宾候机室、售票厅、商店、餐饮场所等	—	A	A	B_1	B_1	B_1	B_1	—	—	—	B_1
2	汽车站、火车站、轮船客运站的候车（船）室、商店、餐饮场所等	建筑面积 >10000m²	A	A	B_1	B_1	B_1	B_1				B_2
		建筑面积 ≤10000m²	A	B_1	B_1	B_1	B_1	B_1				B_2
3	观众厅、会议厅、多功能厅、等候厅等	每个厅建筑面积 >400m²	A	A	B_1	B_1	B_1	B_1	B_1	—		B_1
		每个厅建筑面积 ≤400m²	A	B_1	B_1	B_1	B_2	B_1	B_1	—		B_1
4	商店的营业厅	每层建筑面积 >1500m² 或总建筑面积 >3000m²	A	B_1	B_1	B_1	B_1	B_1				B_1
		每层建筑面积 ≤1500m² 或总建筑面积 ≤3000m²	A	B_1	B_1	B_1	B_1	B_1	B_2	—		B_2
5	宾馆、饭店的客房及公共活动用房等	一类建筑	A	B_1	B_1	B_1	B_2	B_1	—	B_1	B_2	B_1
		二类建筑	A	B_1	B_1	B_2	B_2	B_2	—	B_2	B_2	B_1
6	养老院、托儿所、幼儿园的居住及活动场所	—	A	A	B_1	B_1	B_2	B_1	B_1	—	B_2	B_1
7	医院的病房区、诊疗区、手术区	—	A	A	B_1	B_1	B_2	B_1	B_1	—	B_2	B_1

续表 6－3

序号	建筑物及场所	建筑规模、性质	装修材料燃烧性能等级									
			顶棚	墙面	地面	隔断	固定家具	装饰织物				其他装修装饰材料
								窗帘	帷幕	床罩	家具包布	
8	教学场所、教学实验场所	—	A	B₁	B₂	B₂	B₂	B₁	B₁	—	B₁	B₂
9	纪念馆、展览馆、博物馆、图书馆、档案馆、资料馆等的公众活动场所	一类建筑	A	B₁	B₁	B₁	B₂	B₁	B₁	—	B₁	B₁
		二类建筑	A	B₁	B₁	B₁	B₂	B₁	B₂	—	B₂	B₂
10	存放文物、纪念展览物品、重要图书、档案、资料的场所	—	A	A	B₁	B₁	B₂	B₁	—	—	B₁	B₂
11	歌舞娱乐游艺场所	—	A	B₁	B₁	B₁	B₁	B₁	B₁	B₁	B₁	B₁
12	A、B级电子信息系统机房及装有重要机器、仪器的房间	—	A	A	B₁	B₁	B₁	B₁	B₁	—	B₁	B₁
13	餐饮场所	—	A	B₁	B₁	B₁	B₂	B₁	—	—	B₁	B₂
14	办公场所	一类建筑	A	B₁	B₁	B₁	B₂	B₁	B₁	—	B₁	B₁
		二类建筑	A	B₁	B₁	B₁	B₂	B₁	B₁	—	B₂	B₂
15	电信楼、财贸金融楼、邮政楼、广播电视楼、电力调度楼、防灾指挥调度楼	一类建筑	A	A	B₁	B₁	B₂	B₁	—	—	B₁	B₁
		二类建筑	A	B₁	B₂	B₂	B₂	B₁	—	—	B₂	B₂
16	其他公共场所	—	A	B₁	B₁	B₁	B₂	B₂	B₂	B₂	B₂	B₂
17	住宅	—	A	B₁	B₁	B₁	B₂	B₁	—	B₁	B₂	B₁

　　高层建筑一般以钢结构、钢筋混凝土结构为主，其建筑高、层数多、建筑面积大、竖井和管道多、有地下层，功能复杂，人员密度大，一旦起火，极易蔓延，以目前的设备条件，

疏散扑救难度大，自救脱险非常重要，由此预防更是重中之重。所以《规范》对高层建筑的装修材料要求略高，尤其是比较重要的部位。

表6-3中序号4：值得注意的是，在高层建筑中，对商店的营业厅进行装修和审查时，仍然是按照营业厅的面积区分其材料的燃烧性能等级，与该商店位于一类还是二类高层建筑无关。对高层民用建筑中的商店营业厅要求其固定家具都为B_1级，主要考虑到商店的固定家具一般用于商品展示或存储，商品大部分为可燃物，火灾荷载高，因此通过对固定家具进行阻燃处理，从一定程度上可以防止火势的蔓延，以降低火灾危险。

表6-3中序号5：按照表6-2中《建筑设计防火规范》GB 50016—2014的规定，宾馆、饭店是以50m为界，划分一类和二类高层建筑。一类高层宾馆规模大、高大豪华，配套设施齐全，一般具备星级条件且设有空调系统，火灾时疏散更为困难。

1985年4月18日，哈尔滨天鹅饭店11楼发生火灾，10人丧生，由于宾客躺在床上抽烟，烟头掉落床上，导致火灾的发生和蔓延。因此对宾馆的床罩和家具包布也提出了材料等级限制，主要是为了防止烟头等明火引发的火灾。

表6-3中序号9：纪念馆、展览馆、博物馆、图书馆、档案馆、资料馆等依据《建筑设计防火规范》GB 50016—2014，可以划分为一类建筑和二类建筑，考虑到公众活动场所人员复杂，在高层建筑里，对其帷幕、家具包布和其他装修装饰材料提出了更高的要求。因此《规范》规定一类高层应采用B_1级装饰材料，尽量不会因为此类装饰材料引发火灾，二类高层可以稍微降低，应采用B_2级装饰材料。

表6-3中序号13：餐饮场所人员流动复杂，消防安全意识大不相同，行为习惯千差万别，厨房里又遍布各类燃料、高温设备，由于高层建筑的火灾特点，高层民用建筑的餐饮场所不按面积区分，统一按照表6-3的规定选取装修材料。

通过调研发现，很多位于高层建筑中的餐饮场所为了提高场所装修观感档次，采用大量原木装饰材料和家具，为了《规范》的可执行性，规定其固定家具可以采用 B$_2$ 级。

在火灾环境下，材料安装在不同位置，采取不同的构造与做法后，从燃烧角度来看其性质会有很大的不同：铺在地上与竖直放置不同；片状与块状不同；材料紧临火源、电线开关，其发生火灾的可能性及受火后反应也会不同，窗帘、家具包布是火灾蔓延的重要媒介。基于此，对餐饮场所的窗帘、家具包布要求采用 B$_1$ 级的材料，以尽量减少织物引发的火灾。

表 6-3 中序号 14：高层建筑中，办公场所的建造形式、设计方法、装修的档次会大同小异。被划为一类和二类建筑的依据，主要是高度。对一类办公场所里的帷幕、家具包布、其他装修装饰材料提出了较高的要求，与窗帘相同，都为 B$_1$ 级，主要是防止电气、烟头点燃织物等易燃物，酿成火灾惨剧。

表 6-3 中序号 15：将电信楼、财贸金融楼、邮政楼、广播电视楼、电力调度楼、防灾指挥调度楼集中成一个大类别，是基于两种考虑，一是这些建筑物均为国家或地方的政治或经济的要害部门，具有综合协调与指挥功能；二是它们的一、二类划分是以中央、省，以及省以下的概念提出的。

2. 建筑物局部放宽条件

高层建筑的火灾危险度较之单层、多层建筑而言要高一些，因此应更加全面和严格，这在各有关的建筑设计防火规范中已有体现。但是高层建筑包含的范围很广，各种建筑差别很大。

《规范》规定：除特别场所和表 6-3 中序号为 10~12 规定的部位外，高层民用建筑的裙房内面积小于 500m^2 的房间，当设有自动灭火系统，并且采用耐火极限不低于 2.00h 的防火隔墙和甲级防火门、窗与其他部位分隔时，顶棚、墙面、地面装修材料的燃烧性能等级可在表 6-3 规定的基础上降低一级。

高层建筑裙房的使用功能比较复杂，其内装修与整栋高层取为同一个水平，在实际操作中有一定的困难。考虑到裙房与主体高层之间有防火分隔并且裙房的面积有限，所以特增加了此条。

3. 消防系统设备设置后的放宽要求

对一些层数不太高、公众不高度聚集的空间部位，当设置有火灾自动消防系统的情况下，可以考虑将它们的装修防火等级在基准要求的水平做适当地降低。

《规范》规定：除特别场所和表6-3中序号为10~12规定的部位外，以及大于400m²的观众厅、会议厅和100m以上的高层民用建筑外，当设有火灾自动报警装置和自动灭火系统时，除顶棚外，其内部装修材料的燃烧性能等级可在表6-3规定的基础上降低一级。

400m²是《建筑设计防火规范》GB 50016—2014划分会议厅的一个指标，对大于400m²的观众厅、会议厅，因其空间大、人员多，一般配置有吸音材料，部分材料为有机泡沫，燃烧后烟雾大，理应提出高一些的装修要求。

对于100m以上的超高层建筑，一旦发生火灾，其烟囱效应更为强烈，目前消防问题还是颇为棘手，属于火灾高危建筑，对于这类建筑的防火必须从防患于未然的角度出发，在任何情况下均应完全执行表6-3中的规定。

在高层建筑的表格中有部分材料的等级要求与单、多层相同，但是在安装消防设施后，其材料使用有所差别，高层建筑顶棚的材料等级也是不允许降低的。除这些之外，当高层建筑中同时装有自动报警和自动灭火系统时，装修材料燃烧性能等级可以在表6-3规定的基础上降低一级要求。

从这条规定可以看出，《规范》对待一般建筑和高层建筑之间的区别，体现了对待超高层建筑比一般高层建筑严；对待一般高层建筑又比对待单层、多层建筑要求严的基本原则。

4. 特殊高层建筑

随着社会的发展和观念的更新，原属构筑物范畴之列的电视塔已逐步进入了建筑物的行列中。电视塔用于广播电视的发射传播，由于其自身的使用特点，往往被建设成为城市中最高的建筑。从20世纪80年代初开始，我国已有近10个城市建成或正在建设几百米高的电视塔，这些电视塔除了用于电视转播功能之外，均同时具有旅游观光的职能。

从建筑防火的角度看，电视塔具有火势蔓延快，火灾扑灭艰难，疏散不利等特点。因此对这类特殊的高层建筑应尽可能地降低火灾发生的可能性，而最可靠的途径之一就是减少可燃材料的存在。

2010 年 4 月 13 日，位于浦东新区陆家嘴的上海地标之一——东方明珠电视塔距离地面 460m 处遭雷击，一组电视信号转发器电缆和塔尖的石棉瓦起火并蔓延，灭火工作复杂严峻。

因此为避免此类超高层建筑火灾，《规范》第 5.2.4 条规定：电视塔等特殊高层建筑的内部装修，装饰织物应采用不低于 B_1 级的材料，其他均应采用 A 级装修材料。

《规范》条文主要是针对设立在高空中，可允许公众入内观赏和进餐的塔楼而定的。这是由于建筑形式所限，人员在塔楼出现火灾的情况下逃生困难，所以特对此类建筑物在内装修设计上提出了十分严格的要求。

三、地下民用建筑

与一般民用建筑相比，地下民用建筑从防火的角度考虑，更具有其特殊的地方，故必须针对地下民用建筑内装修防火问题做专门的论述。

所谓地下建筑一般是指建于土层之中的并且无法直接自然采光照明的建筑。地下建筑可分为民用、军事、工业和交通等类型。

本节所谈的地下民用建筑系指单层、多层、高层民用建筑的地下部分，单独建造在地下的民用建筑以及"平战结合"的地下人防工程。

由于人口、土地面积等因素的制约，人类在向空中发展的同时，也在不断地向地下寻求空间。地下工程包括地下房屋、地下构筑物、地下铁道、地下隧道、地下通道、水下隧道等位于地下的土木工程，是基础设施建设的一个主要方向，在国内市场发展都比较迅速，并且规模越来越大。

我国的地下建筑在 20 世纪 70 年代以前主要是以人防工程为主，从 20 世纪 80 年代开始，地下民用建筑不断增多，规模不断增大，"平战结合"的方针促使大量的人防工程被改造为民用公共建筑。

地下建筑因所处的位置特殊，所以对火灾非常敏感，一旦出现火灾，人员的疏散避难及对火灾的扑救都十分困难，往往会造成巨大的经济损失和社会影响。我国目前的科技水平尚无法保证地下火灾准确地预报和及时扑灭，因而控制火灾的发生概率就变得格外重要。而降低火灾发生的概率，必须控制可燃装修材料的使用。

1. 地下民用建筑内部各部位装修材料的燃烧性能等级

表 6 - 4 结合地下民用建筑的特点，按建筑类别、场所和装修部位分别规定了装修材料的燃烧性能等级。《规范》要求地下民用建筑各部位装修设计都应符合表 6 - 4 中的规定。

表 6 - 4　地下民用建筑内部各部位装修材料的燃烧性能等级

序号	建筑物及场所	装修材料燃烧性能等级						
		顶棚	墙面	地面	隔断	固定家具	装饰织物	其他装修装饰材料
1	观众厅、会议厅、多功能厅、等候厅等商店的营业厅	A	A	A	B_1	B_1	B_1	B_2
2	宾馆、饭店的客房及公共活动用房等	A	B_1	B_1	B_1	B_1	B_1	B_2
3	医院的诊疗区、手术区	A	A	B_1	B_1	B_1	B_1	B_2
4	教学场所、教学实验场所	A	A	B_1	B_2	B_2	B_1	B_2
5	纪念馆、展览馆、博物馆、图书馆、档案馆、资料馆等的公众活动场所	A	A	B_1	B_1	B_1	B_1	B_1
6	存放文物、纪念展览物品、重要图书、档案、资料的场所	A	A	A	A	A	B_1	B_1

续表 6-4

序号	建筑物及场所	装修材料燃烧性能等级						
		顶棚	墙面	地面	隔断	固定家具	装饰织物	其他装修装饰材料
7	歌舞娱乐游艺场所	A	A	B_1	B_1	B_1	B_1	B_1
8	A、B 级电子信息系统机房及装有重要机器、仪器的房间	A	A	B_1	B_1	B_1	B_1	B_1
9	餐饮场所	A	A	A	B_1	B_1	B_1	B_2
10	办公场所	A	B_1	B_1	B_1	B_1	B_2	B_2
11	其他公共场所	A	B_1	B_1	B_2	B_2	B_2	B_2
12	汽车库、修车库	A	A	B_1	A	A	—	—

表 6-4 中序号 1：地下空间的利用促进了地下大型商场的兴建。地下商场内部结构各异，有一定量的可燃装修，外加所堆积的商品绝大部分是可燃的，这些都加大了原本就比地面建筑为甚的危险度。但就目前情况看，无法做到限制地下商场卖具有可燃性的商品。为了减小地下空间的火灾危险性，特别规定地下商场的顶棚、墙面、地面都需要采用 A 级材料装修，并且固定家具应采用 B_1 级建筑装修材料。

表 6-4 中序号 2：宾馆、饭店的客房及公共活动用房等设置在地下时，其火灾疏散困难，其客房的床、衣柜、电视墙等很多被设计为固定家具，因此对其提出了较高的要求，应采用 B_1 级建筑装修材料。

表 6-4 中序号 3：需要注意，此处和单、多层，高层建筑相比，对医院没有病房区的要求，主要是由于《建筑设计防火规范》GB 50016—2014 中明确规定，医院的病房区禁止设置在地下。

通过调研可知，为了免除外部环境的干扰，部分手术部位于地下层，以方便与地面的联系，但现在的医院常规手术部已经基本不设在地下层。

大部分医院的地下一层，一般出于安全考虑，设置药品中心、辅助科室等。但还会有部分医院将急诊科、特需门诊等诊疗区放在地下一层，医院地下层发生火灾，也多发生于地下室的机房、电缆。《规范》多年执行过程中，并未反馈相关意见，因此维持了原规范的规定。

表6-4中序号7：歌舞娱乐游艺场所与上一章所指场所相同，对于建在地下的体育及娱乐建筑，以及文体娱乐项目的比赛与练习场所，比如篮球、排球、乒乓球、武术、体操、棋类等的比赛练习场馆，也应遵循本栏的要求进行设计。

对地下民用建筑需要注意的是，表中对建筑物装修防火要求的宽严主要取决于人员的密度。对人员比较密集的营业厅、观众厅等在选用装修材料时，考虑的防火等级要高。

而对各类建筑的办公用房，因其单位空间同时容纳人员很少，并且经常有专人管理、值班，所以选用装修材料性能等级时予以了适当地放宽。

对于图书、资料类的库房，因其本身的可燃物数量已很大，所以要求顶棚、墙面、地面、隔断、固定家具全部采用不燃材料装修。

在安装有各类消防设施后，也不应该降低地下建筑装修材料的燃烧性能等级。因此从装修材料防火角度，对地下民用建筑的安全性做了比较高的要求，以避免火灾的发生。

2. 地下建筑的地上部分

对带有地下部分但主体是地上部分的单层、多层民用建筑的装修材料燃烧性能等级要求在前面已有规定，而对单独建造的地下民用建筑的地上附属部分，也应有相应的要求。

单独建造的地下民用建筑的地上部分，相对的使用面积小且建在地面上，其火灾危险性和疏散扑救均比地下建筑部分要小和容易。为此规定，单独建筑的地下民用建筑的地上部分，其门厅、休息室、办公室等内部装修材料的燃烧性能等级可在表6-4规定的基础上，亦即地下建筑规定的基础上降低一级。

需要注意的是，特别场所和表6-4中序号为6~8规定的部位，其装修材料的燃烧性能等级不可降低。

第七章 工业建筑装修防火

一、工业厂房的分类

1. 生产的火灾危险性分类

《建筑设计防火规范》GB 50016—2014 中根据生产中使用或产生的物质性质及其数量等因素划分，将生产的火灾危险性分为甲、乙、丙、丁、戊类，并应符合表 7 - 1 的规定。《规范》对工业厂房进行分类时，主要参考了该条规定，以便于根据不同场所的火灾危险性，进行建筑的装修设计。

表 7 - 1　生产的火灾危险性分类

生产的火灾危险性类别	使用或产生下列物质生产的火灾危险性特征
甲	1. 闪点小于 28℃ 的液体； 2. 爆炸下限小于 10% 的气体； 3. 常温下能自行分解或在空气中氧化能导致迅速自燃或爆炸的物质； 4. 常温下受到水或空气中水蒸气的作用，能产生可燃气体并引起燃烧或爆炸的物质； 5. 遇酸、受热、撞击、摩擦、催化以及遇有机物或硫黄等易燃的无机物，极易引起燃烧或爆炸的强氧化剂； 6. 受撞击、摩擦或与氧化剂、有机物接触时能引起燃烧或爆炸的物质； 7. 在密闭设备内操作温度不小于物质本身自燃点的生产
乙	1. 闪点不小于 28℃，但小于 60℃ 的液体； 2. 爆炸下限不小于 10% 的气体； 3. 不属于甲类的氧化剂； 4. 不属于甲类的易燃固体； 5. 助燃气体； 6. 能与空气形成爆炸性混合物的浮游状态的粉尘、纤维、闪点不小于 60℃ 的液体雾滴

续表 7–1

生产的火灾危险性类别	使用或产生下列物质生产的火灾危险性特征
丙	1. 闪点不小于60℃的液体； 2. 可燃固体
丁	1. 对不燃烧物质进行加工，并在高温或熔化状态下经常产生强辐射热、火花或火焰的生产； 2. 利用气体、液体、固体作为燃料或将气体、液体进行燃烧作其他用的各种生产； 3. 常温下使用或加工难燃烧物质的生产
戊	常温下使用或加工不燃烧物质的生产

《建筑设计防火规范》GB 50016—2014 在条文说明中，对火灾危险性分类做了进一步说明，指出应分析整个生产过程，根据不同的生产工艺、原材料、生产方法等进行区别分类。又为了便于使用，列举了部分常见生产的火灾危险性分类，如表 7–2 所示。表 7–2 明确列出了材料及工艺属性，可方便《规范》的执行和使用。

表 7–2　生产的火灾危险性分类举例

生产的火灾危险性类别	举　　例
甲类	1. 闪点小于28℃的油品和有机溶剂的提炼、回收或洗涤部位及其泵房，橡胶制品的涂胶和胶浆部位，二硫化碳的粗馏、精馏工段及其应用部位，青霉素提炼部位，原料药厂的非纳西汀车间的烃化、回收及电感精馏部位，皂素车间的抽提、结晶及过滤部位，冰片精制部位，农药厂乐果厂房，敌敌畏的合成厂房、磺化法糖精厂房，氯乙醇厂房，环氧乙烷、环氧丙烷工段，苯酚厂房的磺化、蒸馏部位，焦化厂吡啶工段，胶片厂片基车间，汽油加铅室，甲醇、乙醇、丙酮、丁酮异丙醇、醋酸乙酯、苯等的合成或精制厂房，集成电路工厂的化学清洗间（使用闪点小于28℃的液体），植物油加工厂的浸出车间；白酒液态法酿酒车间、酒精蒸馏塔，酒精度为38度及以上的勾兑车间、灌装车间、酒泵房，白兰地蒸馏车间、勾兑车间、灌装车间、酒泵房；

续表 7 – 2

生产的火灾危险性类别	举 例
甲类	2. 乙炔站，氢气站，石油气体分馏（或分离）厂房，氯乙烯厂房，乙烯聚合厂房，天然气、石油伴生气、矿井气、水煤气或焦炉煤气的净化（如脱硫）厂房压缩机室及鼓风机室，液化石油气灌瓶间，丁二烯及其聚合厂房，醋酸乙烯厂房，电解水或电解食盐厂房，环己酮厂房，乙基苯和苯乙烯厂房，化肥厂的氢氮气压缩厂房，半导体材料厂使用氢气的拉晶间，硅烷热分解室； 3. 硝化棉厂房及其应用部位，赛璐珞厂房，黄磷制备厂房及其应用部位，三乙基铝厂房，染化厂某些能自行分解的重氮化合物生产，甲胺厂房，丙烯腈厂房； 4. 金属钠、钾加工厂房及其应用部位，聚乙烯厂房的一氧二乙基铝部位，三氯化磷厂房，多晶硅车间三氯氢硅部位，五氧化磷厂房； 5. 氯酸钠、氯酸钾厂房及其应用部位，过氧化氢厂房，过氧化钠、过氧化钾厂房，次氯酸钙厂房； 6. 赤磷制备厂房及其应用部位，五硫化二磷厂房及其应用部位； 7. 洗涤剂厂房石蜡裂解部位，冰醋酸裂解厂房
乙类	1. 闪点大于或等于28℃至小于60℃的油品和有机溶剂的提炼、回收、洗涤部位及其泵房，松节油或松香蒸馏厂房及其应用部位，醋酸酐精馏厂房，己内酰胺厂房，甲酚厂房，氯丙醇厂房，樟脑油提取部位，环氧氯丙烷厂房，松针油精制部位，煤油灌桶间； 2. 一氧化碳压缩机室及净化部位，发生炉煤气或鼓风炉煤气净化部位，氨压缩机房； 3. 发烟硫酸或发烟硝酸浓缩部位，高锰酸钾厂房，重铬酸钠（红钒钠）厂房； 4. 樟脑或松香提炼厂房，硫黄回收厂房，焦化厂精萘厂房； 5. 氧气站，空分厂房； 6. 铝粉或镁粉厂房，金属制品抛光部位，煤粉厂房、面粉厂的碾磨部位、活性炭制造及再生厂房，谷物筒仓的工作塔，亚麻厂的除尘器和过滤器室

续表 7 – 2

生产的火灾 危险性类别	举　例
丙类	1. 闪点大于或等于60℃的油品和有机液体的提炼、回收工段及其抽送泵房，香料厂的松油醇部位和乙酸松油脂部位，苯甲酸厂房，苯乙酮厂房，焦化厂焦油厂房，甘油、桐油的制备厂房，油浸变压器室，机器油或变压油灌桶间，润滑油再生部位，配电室（每台装油量大于60kg的设备），沥青加工厂房，植物油加工厂的精炼部位； 2. 煤、焦炭、油母页岩的筛分、转运工段和栈桥或储仓，木工厂房，竹、藤加工厂房，橡胶制品的压延、成型和硫化厂房，针织品厂房，纺织、印染、化纤生产的干燥部位，服装加工厂房，棉花加工和打包厂房，造纸厂备料、干燥车间，印染厂成品厂房，麻纺厂粗加工车间，谷物加工房，卷烟厂的切丝、卷制、包装车间，印刷厂的印刷车间，毛涤厂选毛车间，电视机、收音机装配厂房，显像管厂装配工段烧枪间，磁带装配厂房，集成电路工厂的氧化扩散间、光刻间，泡沫塑料厂的发泡、成型、印片压花部位，饲料加工厂房，畜（禽）屠宰、分割及加工车间、鱼加工车间
丁类	1. 金属冶炼、锻造、铆焊、热轧、铸造、热处理厂房； 2. 锅炉房，玻璃原料熔化厂房，灯丝烧拉部位，保温瓶胆厂房，陶瓷制品的烘干、烧成厂房，蒸汽机车库，石灰焙烧厂房，电石炉部位，耐火材料烧成部位，转炉厂房，硫酸车间焙烧部位，电极煅烧工段配电室（每台装油量小于或等于60kg的设备）； 3. 难燃铝塑材料的加工厂房，酚醛泡沫塑料的加工厂房，印染厂的漂炼部位，化纤厂后加工润湿部位
戊类	制砖车间，石棉加工车间，卷扬机室，不燃液体的泵房和阀门室，不燃液体的净化处理工段，除镁合金外的金属冷加工车间，电动车库，钙镁磷肥车间（焙烧炉除外），造纸厂或化学纤维厂的浆粕蒸煮工段，仪表、器械或车辆装配车间，氟利昂厂房，水泥厂的轮窑厂房，加气混凝土厂的材料准备、构件制作厂房

2. 工段的火灾危险性划分

同一座厂房或厂房中同一个防火分区会存在不同火灾危险性

的生产，根据《建筑设计防火规范》GB 50016—2014 的有关要求，当符合下述条件之一时，可按不同工段分别确定内部装修材料：

（1）不同工段之间采用了有效的防火分隔措施可确保发生火灾事故时不足以蔓延到相邻部位，且各工段内均有一独立的安全出口或各工段均设有两个及以上直通公共疏散走道的出口；

（2）符合《建筑设计防火规范》GB 50016—2014 中相关规定可按较小火灾危险性部分确定其生产火灾危险性的车间。

该项确定建筑或区域火灾危险性的原则源于《建筑设计防火规范》GB 50016—2014 的条文：同一座厂房或厂房的任一防火分区内有不同火灾危险性生产时，厂房或防火分区内的生产火灾危险性类别应按火灾危险性较大的部分确定；当生产过程中使用或产生易燃、可燃物的量较少，不足以构成爆炸或火灾危险时，可按实际情况确定；当符合下述条件之一时，可按火灾危险性较小的部分确定：

（1）火灾危险性较大的生产部分占本层或本防火分区建筑面积的比例小于 5% 或丁、戊类厂房内的油漆工段小于 10%，且发生火灾事故时不足以蔓延至其他部位或火灾危险性较大的生产部分采取了有效的防火措施；

（2）丁、戊类厂房内的油漆工段，当采用封闭喷漆工艺，封闭喷漆空间内保持负压、油漆工段设置可燃气体探测报警系统或自动抑爆系统，且油漆工段占所在防火分区建筑面积的比例不大于 20%。

按照这一原则，对工段进行划分，可以避免不恰当的装修带来的火灾风险，同时也有利于《规范》的执行。

二、装修材料的燃烧性能等级要求

工业建筑装修对本身美观的要求一般并不是很高，但现代化的工业厂房，特别是一些劳动密集型的生产加工厂房，如制衣、制鞋、玩具及电子产品装配等轻工行业，会在不同程度上考虑到工人劳动的舒适度问题。而且由于工业厂房本身生产的特殊性，有些厂房内的生产材料本身已是易燃或可燃材料，因此在进行装修时，应尽量减少或避免使用易燃、可燃材料，按表7-3的要求强制性执行选用装修材料。

表7-3　厂房内部各部位装修材料的燃烧性能等级

序号	厂房及车间的火灾危险性和性质	建筑规模	装修材料燃烧性能等级						
			顶棚	墙面	地面	隔断	固定家具	装饰织物	其他装修装饰材料
1	甲、乙类厂房 丙类厂房中的甲、乙类生产车间 有明火的丁类厂房、高温车间	—	A	A	A	A	A	B₁	B₁
2	劳动密集型丙类生产车间或厂房 火灾荷载较高的丙类生产车间或厂房 洁净车间	单、多层	A	A	B₁	B₁	B₁	B₂	B₂
		高层	A	A	A	B₁	B₁	B₁	B₁
3	其他丙类生产车间或厂房	单、多层	A	B₁	B₂	B₂	B₂	B₂	B₂
		高层	A	B₁	B₁	B₁	B₁	B₁	B₁
4	丙类厂房	地下	A	A	A	B₁	B₁	B₁	B₁
5	无明火的丁类厂房 戊类厂房	单、多层	B₁	B₂	B₂	B₂	B₂	B₂	B₂
		高层	B₁	B₁	B₂	B₂	B₂	B₁	B₁
		地下	A	A	B₁	B₁	B₁	B₁	B₁

表7-3中序号1：汽车生产主要分为四大工序：冲压—焊装（车身）—涂装（油漆）—总装，冲压、焊装和总装阶段均为丁、戊类生产，涂装阶段使用油漆等易燃易爆危险化学品，但喷漆工段占防火分区面积的比例小于20%，所以仍可定性为丁、戊类生产。油漆工序要求一定的洁净度且使用危险化学品，所以使用的装修材料有防静电、防火花、防尘的要求，如吊顶、墙体采用岩棉夹芯彩钢板，地面采用环氧树脂。冲压、焊装、总装工序仅对

地面有耐磨的要求，多用非金属骨料地面或环氧树脂地面，对其他材料无特殊要求，但基本上不吊顶也不分隔，保持大空间的状态。对有明火的丁类厂房、高温车间提出了较高的要求。

表7-3中序号2：本条中劳动密集型的生产车间主要指：生产车间员工总数超过1000人或者同一工作时段员工人数超过200人的服装、鞋帽、玩具、木制品、家具、塑料、食品加工和纺织、印染、印刷等劳动密集型企业。

火灾荷载较高的丙类生产车间或厂房是指卷烟、木器加工、泡沫塑料、棉纺、麻纺等行业中可燃物量大的车间，如卷烟车间内可燃物多、产品价值大，且一般不设自动灭火设施，故应提高装修材料燃烧性能的标准；家具等木器生产及泡沫塑料的预发、成型、切片、压花车间，棉纺厂的开包、清花及麻纺厂的分级、梳麻车间等，都应按照表7-3的规定严格注意装修材料的选用。

随着科学技术日新月异地高速发展，工业产品制造对环境要求越来越高，如微电子产业、航天航空和医药产业等。参考国家标准《洁净厂房设计规范》GB 50073—2013，许多产品的制造过程都要求在洁净厂房中进行。而由于洁净区面积大、建筑结构密闭、室内平面布置迂回曲折，吊顶空间内管道密布，生产中危险源较多以及部分洁净厂房内工艺的特殊性，导致洁净厂房检修困难，火灾隐情不易发现，火灾发生概率高，人员疏散、灭火救援困难、火灾排烟和消防通信困难，所以对洁净厂房的装修应严格控制。

三、消防设施的布置

《建筑设计防火规范》GB 50016—2014增加了一些定性、定量的工业建筑设置自动灭火系统和火灾自动报警系统的条款，实际工程案例中，这些自动消防设施发挥了很好的作用，故在工业建筑中也强调自动设施的设置，可降低装修材料的选用等级，其降级标准参考了民用建筑多年以来执行的有关条款。

对设有自动消防设施的单、多层厂房，按照民用建筑装修材料选用的原则，可适当降低装修材料的燃烧等级。

建筑结构形式日趋多样化，目前一些新型技术开发区的标准厂房大多被改造利用。其顶棚往往被当作技术夹层，所有管道（水、电、风等）错综复杂，都敷设在里面，一旦发生火灾极易扩大成灾。

科研楼顶棚内也可能敷有氧气、氢气、汽油、柴油等可燃、助燃气体和可燃、易燃液体的管道或装置，这类物品闪点、燃点低，易挥发，火灾危险性大，发生火灾后易迅速爆炸。顶棚的火灾危险性要大于墙面和地面，为确保安全，应采用燃烧性能要求最高的装修材料，因此不能降低。

而对于高层、地下厂房，由于火灾发生后，不利于火情发现、火灾扑救，故对其装修材料的选用不能降低等级。

甲、乙类厂房其火灾危险性大，安装自动消防设施后，其装修材料的燃烧性能等级不能降低，要严格按照表 7 - 3 的规定执行。

因此《规范》明确规定：除"特别场所"一章规定的场所和部位外，当单层、多层丙、丁、戊类厂房内同时设有火灾自动报警和自动灭火系统时，除顶棚外，其装修材料的燃烧性能等级可在表 7 - 3 规定的基础上降低一级。

四、架空地板

从火灾的发展过程考虑，一般来说，对顶棚的防火性能要求最高，其次是墙面，地面要求最低。但如果地面为架空地板时，情况有所不同，万一失火，沿架空地板蔓延较快，受到的损失也大。而在现代化的工业厂房中，大量存在架空地板的形式，因此《规范》第 6.0.3 条明确规定：当厂房的地面为架空地板时，其地面应采用不低于 B_1 级的装修材料。

五、辅助用房

工业建筑为了方便使用，会在其建筑内部空间采用防火墙分割成若干较小防火空间,《建筑设计防火规范》GB 50016—2014 中明确规定了这类场所贴邻厂房仓库时,应从多方面注意其防火安全,如场所面积、平面布置、防火分隔、疏散形式等,以期能够完全防止火势蔓延。

因此《规范》第6.0.4条明确规定:附设在工业建筑内的办公、研发、餐厅等辅助用房,当采用现行国家标准《建筑设计防火规范》GB 50016 规定的防火分隔和疏散设施时,其内部装修材料的燃烧性能等级可按民用建筑的规定执行。

这主要是考虑到一是办公、研发等辅助用房的装修失火不要波及厂房仓库,二是保障室内人员的生命安全,三是考虑到《规范》的可执行性,所以要求厂房、仓库附设的办公、研发等辅助用房,其内装修材料的燃烧性能等级可按民用建筑的规定执行。

六、仓库

仓库装修一般较为简单,装修部位为顶棚、墙面、地面和隔断。仓库虽非人员聚集场所,但由于其储存物品量大,可燃物较多,火灾荷载大,物资昂贵,一旦发生火灾,燃烧时间较长,造成财物损失较大,因而对其装修材料应严格控制,作为强制性条文执行。

高架仓库货架高度一般超过7m,仓库内排架之间距离近,储存物资集中,内部通道窄,火灾荷载大,并且使用现代化计算机技术控制搬运、装卸操作,线路复杂,火灾因素通常较多,极易引起电气火灾,防火分隔和消防设施又不能覆盖到位。起火后容易迅速蔓延扩大,排烟、疏散、扑救非常困难。故对其内部装修材料从严要求。

需要注意的是,仓库储存物品具有不确定性,故对其装修材料也应严格控制,即使设置自动消防设施,也不能降低等级。仓库内部各部位装修材料的燃烧性能等级见表7-4。

表7-4 仓库内部各部位装修材料的燃烧性能等级

序号	仓库类别	建筑规模	装修材料燃烧性能等级			
			顶棚	墙面	地面	隔断
1	甲、乙类仓库	—	A	A	A	A
2	丙类仓库	单层及多层仓库	A	B_1	B_1	B_1
		高层及地下仓库	A	A	A	A
		高架仓库	A	A	A	A
3	丁、戊类仓库	单层及多层仓库	A	B_1	B_1	B_1
		高层及地下仓库	A	A	A	B_1

第八章 材料的测试方法和等级划分

《规范》中规定了建筑部位所应使用的装修材料燃烧等级，为了便于对《规范》的理解，对材料的测试方法和等级划分有一定的了解也是非常必要的，可以对材料的具体燃烧性能有大致的把握，在《规范》具体执行时根据材料的检测报告进行材料的选用。

一、建筑材料的测试方法

建筑材料的测试方法在《建筑材料及制品燃烧性能分级》GB 8624—2012 中有明确的规定。在《规范》中所涉及的材料燃烧测试方法主要依据下列规范：

《塑料 用氧指数法测定燃烧行为 第 2 部分：室温试验》GB/T 2406.2—2009；

《塑料 燃烧性能的测定 水平法和垂直法》GB/T 2408—2008；

《纺织品 燃烧性能试验 氧指数法》GB/T 5454—1997；

《纺织品 燃烧性能试验 垂直方向损毁长度、阴燃和续燃时间的测定》GB/T 5455—2014；

《建筑材料不燃性试验方法》GB/T 5464—2010；

《硬质泡沫塑料燃烧性能试验方法 垂直燃烧法》GB/T 8333—2008；

《建筑材料可燃性试验方法》GB/T 8626—2007；

《建筑材料燃烧或分解的烟密度试验方法》GB/T 8627—2007；

《铺地材料的燃烧性能测定 辐射热源法》GB/T 11785—2005；

《建筑材料热释放速率试验方法》GB/T 16172—2007；

《建筑材料及制品的燃烧性能 燃烧热值的测定》GB/T 14402—2007；

《建筑材料或制品的单体燃烧试验》GB/T 20284—2006。

1. 不燃性试验方法

《建筑材料不燃性试验方法》GB/T 5464—2010（ISO 1182：2002）规定了在特定条件下匀质建筑制品和非匀质建筑制品主要组分的不燃性试验方法，该方法可用来确定一种材料是否直接助长火势。

试样尺寸为直径 45^{0}_{-2} mm，高（50±3）mm，体积（76±8）cm^3。共测试 5 组试样。

试验大致步骤如下：

（1）炉内按规定布置热电偶；

（2）炉内温度稳定在（750±5）℃至少 10min，温度漂移在 10min 内不超过 2℃；

（3）试样架插入炉内，操作时间不超过 5s；

（4）试验进行 30min，热电偶测得温度在 10min 内漂移不超过 2℃时，试验停止。否则应继续试验，并每隔 5min 检查是否达到温度平衡，达到温度平衡或者试验时间到达 60min 结束试验。

该试验方法的评定判据是：炉内平均温升不应超过 50℃，持续火焰的平均时间不应超过 20s，冷却后平均质量损失不应超过平均初始质量的 50%。

由此试验方法可见，不燃材料在 750℃的高温下，不会被完全损毁，因此 A 级装修材料在火灾下有良好的稳定性，不会大肆助长火势的蔓延。

2. 建筑材料燃烧热值试验

《建筑材料及制品的燃烧性能 燃烧热值的测定》GB/T 14402—2007（ISO 1716：2002）规定了建筑材料总燃烧热值的定义、测定方法和燃烧热值的定义、计算方法。该热值为在氧弹中测得的恒容燃烧热。

采用具有代表性的样品，将样品逐次研磨，得到粉末状的试样。称取样品 0.5g、苯甲酸 0.5g（对于高热值的制品，可以不使用或减少助燃物）。

坩埚法试验最为常用，大致步骤如下：

（1）混合物放入坩埚，称量的点火丝两端分别连接到氧弹的两个电极，检查电极和点火丝，确保其接触良好；

（2）在氧弹内倒入 10mL 的蒸馏水，拧紧氧弹密封盖；

（3）给氧弹充氧至压力达到 3.0 ~ 3.5MPa，将氧弹放入量热仪内筒；

（4）开启搅拌器和定时器。直到 10min 内，内筒水温的连续读数偏差不超过 ±0.01K 时，将此时的温度作为起始温度；

（5）接通电路，开始试验。每隔 1min 记录一次内筒水温，直到 10min 内的连续读数偏差不超过 ±0.01K，记录此时的温度作为最高温度。

通过此试验，得到材料的热值数据，是火灾荷载的基础数据，燃烧产生的热量可由此数据计算得到，所有的可燃材料都有其对应的热值，部分建筑内常见材料的热值列在表 8 – 1 中。

表 8 – 1　建筑中常用材料热值

材料名称	热值（MJ/kg）	材料名称	热值（MJ/kg）
白松	17.95	杨木	16.72
竹	17.27	三合板	18.90
混纺布（毛涤）	19.94	纯棉布	18.80
报纸	18.13	羊毛	23.00
面粉	16.29	饼干	14.88
面包	10.46	厨房垃圾	14.50
聚氨酯泡沫	24.00	聚氯乙烯	18.00

3. 建筑材料或制品的单体燃烧试验

该试验原理与墙角火试验、锥形量热计试验相同，规模介于二者之间。《建筑材料或制品的单体燃烧试验》GB/T 20284—2006（EN 13823：2002）规定了用以确定建筑材料或制品（不包括铺地材料以及 2000/147/EC 号《EC 决议》中指出的制品）在单体燃烧试验（SBI）中的对火反应性能的方法。

试样为板式制品，角型试样由两垂直翼组成，分别为长翼和短翼，试样的最大厚度为 200mm。尺寸为长翼（1000 ± 5）mm ×（1500 ± 5）mm，短翼（495 ± 5）mm ×（1500 ± 5）mm。用 3 组试样（长翼加短翼）进行试验。

试验大致步骤如下：

（1）将排烟管道的体积流速 $V_{298}(t)$ 设为（0.60 ± 0.05）m^3/s。在整个试验期间，该体积流速应控制在 0.50 ~ 0.65m^3/s 的范围内。

（2）记录排烟管道中热电偶 T_1、T_2 和 T_3 的温度以及环境温度，且记录时间至少应达 300s。环境温度应在（20 ± 10）℃内，管道中的温度与环境温度相差不应超过 4℃。

（3）点燃两个燃烧器的引燃火焰（如使用了引燃火焰）。试验过程中引燃火焰的燃气供应速度变化不应超过 5mg/s。

（4）采用精密计时器开始计时并自动记录数据。开始的时间 t 为 0s。

（5）在 t 为（120 ± 5）s 时，点燃辅助燃烧器，并将丙烷气体的质量流量 $m_气(t)$ 调至（647 ± 10）mg/s，此调整应在 t 为 150s 前进行。整个试验期间丙烷气质量流量应在此范围内。

（6）丙烷气体从辅助燃烧器切换到主燃烧器。观察并记录主燃烧器被引燃的时间。观察试样的燃烧行为，观察时间为 1260s 并在记录单上记录数据。1560s 时停止向燃烧器供应燃气，停止数据的自动记录。

试验最终得到的性能参数为燃烧增长速率指数 $FIGRA_{0.2MJ}$ 和 $FIGRA_{0.4MJ}$ 以及在 600s 内的总热释放量 THR_{600s}，判定是否发生了火焰横向传播至试样边缘处；计算得出烟气生成速率指数 $SMOGRA$ 和 600s 内生成的总产烟量 TSP_{600s}；判定制品的燃烧滴落物和颗粒物生成的燃烧行为，以是否有燃烧滴落物和颗粒物这两种产物生成或只有其中一种产物生成来表示。

该试验为《建筑材料及制品燃烧性能分级》GB 8624—2012 中最为常用的一种分级方法，该方法来自于欧盟的材料燃烧评价方法，对材料性能参数形成一个综合评价。

4. 可燃性试验方法

该试验为在没有外加辐射条件下，用小火焰直接冲击垂直放置的试样，以测定建筑制品的可燃性。依据为《建筑材料可燃性试验方法》GB/T 8626—2007（ISO 11925 – 2：2002）。

试样尺寸为长 250^0_{-1} mm，宽 90^0_{-1} mm，厚度不超过 60mm 则按实际厚度，厚度大于 60mm 从其背火面消减厚度至 60mm。纵向和横向上分别取三块试样。

试验大致步骤为：

（1）烟道内气体流速在（0.7 ± 0.1）m/s。点燃燃烧器，火焰高度（20 ± 1）mm。沿燃烧器垂直轴线将其倾斜 45°，水平推进，至预设的接触点；

（2）火焰接触到试样时，开始计时，按委托方要求，点火时间 15s（总实验时间 20s）或 30s（总实验时间 60s）；

（3）表面点火时，火焰应施加于试样的中心线位置，底部边缘上方 40mm 处；

（4）边缘点火时，当试样厚度不超过 3mm 时，火焰应施加于试样底面中心位置处。当试样厚度大于 3mm 时，火焰应施加于试样底边中心且距受火表面 1.5mm 的底面位置处。

对试样厚度大于 10mm 的多层制品应增加实验，将试样沿其垂直轴线旋转 90°，火焰施加在每层材料底部中线所在的边缘处。

通过该试验，可判断在采用纯度 ≥95% 的商用丙烷，燃气压力在 10～50kPa 形成的火焰下，试样是否能够被点燃；火焰尖端是否到达距点火点 150mm 处，记录该现象发生时间；滤纸是否被引燃，并观察试样的物理行为。

该试验方法较直观地表明，常温常压的状态下，装修材料受火后是否会助长火势，是最基本的判定可燃材料的试验方法。

5. 辐射热源法

该试验为在燃烧箱中，用小火焰点燃水平放置，并暴露于倾斜的热辐射场中的铺地材料，以评估其火焰传播能力。依据为

《铺地材料的燃烧性能测定 辐射热源法》GB/T 11785—2005（ISO 9239-1：2002）。

试样尺寸为（1050±5）mm×（230±5）mm，一个方向上制取3个试样，该方向的垂直方向再制取另外3个试样。如试件厚度超过19mm，长度可为（1025±5）mm。

试验大致步骤为：

（1）点燃点火器，离试件零点至少50mm，预热2min；

（2）火焰与距试件夹具内边缘10mm的试件接触10min。然后移开点火器，让它离试件零点至少50mm，熄灭点火器。

试验开始后，每隔10min观测火焰熄灭时火焰前端与试件零点前10mm间的距离，观察并记录试验过程中明显的现象，比如闪燃、熔化、起泡、火焰熄灭后再燃时间和位置、火焰将试件烧穿等。

另外，记录下火焰到达每50mm刻度时的时间和该时刻火焰前端到达的最远距离，精确到10mm。

根据辐射通量曲线，可计算临界辐射通量，精确到0.2kW/m²。试件没有点燃或火焰传播没有超过110mm，它的临界辐射通量≥11kW/m²，试件火焰传播距离超过910mm的，它的临界辐射通量≤1.1kW/m²。由试验人员在试验30min时将火焰熄灭的试件没有CHF值，它只有HF-30值。

该试验采用热值为83MJ/m³的商业丙烷气作为燃气，火焰高度为60～120mm，采用此小型火焰点火试验，判定了铺地材料的火焰传播性能，是铺地材料的主要燃烧测试方法。

6. 塑料氧指数

通过在规定试验条件下，通入（23±2）℃氧、氮的混合气体，刚好维持材料燃烧的最小氧浓度的测定方法。氧指数OI值，以体积分数表示，为阻燃材料领域最为常用的材料燃烧指征。依据为《塑料 用氧指数法测定燃烧行为 第2部分：室温试验》GB/T 2406.2—2009（ISO 4589-2：96）。

氧指数试验的样品尺寸在表8-2中给出。

表8-2 试样尺寸

试样形状①	尺寸			用　途
	长度（mm）	宽度（mm）	厚度（mm）	
Ⅰ	80~150	10±0.5	4±0.25	用于模塑材料
Ⅱ	80~150	10±0.5	10±0.5	用于泡沫材料
Ⅲ②	80~150	10±0.5	≤10.5	用于片材"接收状态"
Ⅳ	70~150	6.5±0.5	3±0.25	电器用自撑模塑材料或板材
Ⅴ②	140^0_{-5}	52±0.5	≤10.5	用于软片或薄膜等
Ⅵ③	140~200	20	0.02~0.10④	用于能用规定的杆④缠绕"接收状态"的薄膜

注：①Ⅰ、Ⅱ、Ⅲ和Ⅳ型试样适用于自撑材料。Ⅴ型试样适用非自撑的材料。

②Ⅲ和Ⅴ型试样所获得的结果，仅用于同样形状和厚度试样的比较。假定这样材料厚度的变化量是受到其他标准控制的。

③Ⅵ型试样适用于缠绕后能自撑的薄膜。表中的尺寸是缠绕前原始薄膜的形状。

④限于厚度能用规定的棒缠绕的薄膜。如薄膜很薄，需两层或多层叠加进行缠绕，以获得与Ⅵ型试样类似的结果。

所取的样品至少能制备15根试样。

试验大致步骤为：

（1）顶面点燃试验：在距离Ⅰ、Ⅱ、Ⅲ、Ⅳ和Ⅵ型试样点燃端50mm处画标线。将火焰的最低部分施加于试样的顶面，施加火焰30s，每隔5s移开一次，观察顶面燃烧状态，整个试样顶面持续燃烧后，立即移开点火器，开始记录燃烧时间，观察燃烧长度。

（2）扩散点燃试验：在距离Ⅰ、Ⅱ、Ⅲ、Ⅳ和Ⅵ型试样点燃端10mm和60mm处画标线。将火焰施加于试样顶面，并下移到垂直面近6mm，连续施加火焰30s，包括每5s检查，直到垂直面处于稳态燃烧或可见燃烧部分达到支撑框架的上标线。

该试验采用纯度（质量分数）不低于98%的氧气和（或）氮

气，和（或）清洁的氧气［含氧气20.9%（体积分数）］作为气源。点火器末端直径为（2±1）mm，燃料为未混有空气的丙烷，能垂直向下喷射（16±4）mm的火焰。

通过试验，能够得到材料的氧指数值，清晰地表述了材料在空气中燃烧的难易程度。空气中氧气含量为21%左右，氧指数大于此数值的材料一般认为相对安全，亦即在常规环境中不会稳定燃烧。

未经阻燃处理的聚氨酯泡沫、聚苯泡沫，其火灾危险性极大，经过阻燃处理后，其氧指数可达到32%以上，大大降低了材料的危险程度。

表8-3列出了一些常用材料的氧指数值。

表8-3 建筑内常见材料的氧指数

材料	氧指数（%）	材料	氧指数（%）
棉纤维	18.4	粘胶纤维	19.7
羊毛	25.2	环氧树脂	19.8
松木	19~21	尼龙-66	20.1
聚乙烯	17.4	涤纶	20.6
聚氯乙烯（硬）	41~45	聚苯乙烯	18.1
丙纶	19	聚四氟乙烯	95
橡塑板（阻燃）	34	PVC套管（阻燃）	38

7. 纺织品氧指数法

该试验主要用来测试各种类型纺织品的氧指数。其试验步骤与塑料氧指数法相类似。依据为《纺织品 燃烧性能试验 氧指数法》GB/T 5454—1997。

试样为从距离布边1/10幅宽的部位剪取，尺寸为150mm×58mm。经、纬向至少各取15块。

试验大致步骤为：

（1）试样装在试样夹；

（2）打开氧氮气阀门，冲刷30s；

（3）点燃点火器，火焰高度为15～20mm，在试样上端点火，10～15s内试样上端全部点燃后，移去点火器。

该标准用来判断实验室条件下，纺织品的燃烧性能。不能用于在其他条件下，或其他形状下着火的危险性。

8. 纺织品垂直法

该试验用来测定垂直方向纺织品底边点火时燃烧性能的试验方法，用以测定纺织品续燃、阴燃及炭化的倾向。依据为《纺织品　燃烧性能试验　垂直方向损毁长度、阴燃和续燃时间的测定》GB/T 5455—2014。

试样尺寸为300mm×89mm，长的一边与经向或纬向平行。根据调湿条件不同，应取5块或10块试样。

调湿条件 A 在《纺织品　调湿和试验用标准大气》GB/T 6529—2008 规定的标准大气条件下进行调湿较为常用，试验大致步骤为：

（1）试样装入试样夹中，点火12s后移开，熄灭火焰；

（2）记录续燃时间和阴燃时间；

（3）取出试样，在试样的下端一侧，挂上重锤，测量记录损毁长度。

该试验中记录的指标包括续燃时间、阴燃时间、损毁长度、滴落物是否引起脱脂棉燃烧的试样。

该试验采用工业用丙烷或丁烷或这两种的混合气体进行燃烧试验。气体入口压力为（17.2±1.7）kPa，火焰高度为（40±2）mm。能够较直观地观察到织物在受到明火时的燃烧特征。

9. 塑料水平和垂直燃烧试验

该试验规定了塑料和非金属材料试样处于50W火焰条件下，水平或垂直方向燃烧性能的实验室测定方法。依据为《塑料　燃烧性能的测定　水平法和垂直法》GB/T 2408—2008（IEC 60695 - 11 - 10：1999）。

条状试样尺寸为（125±5）mm×（13±0.5）mm×（≤13）mm，

水平法最少6根试样，垂直法应制备20根试样。

水平法试验大致步骤为：

（1）试样在纵轴处画线标记，喷灯管中心轴与水平面近似成45°角，火焰侵入试样自由端近似6mm的长度；

（2）点火（30±1）s后，移开火源；或者火焰前端到25mm处移开火焰。

记录：①损坏长度（L），指25mm标线到火焰停止前标痕间的损坏长度；②经过的时间（t），火焰前端通过25mm标线但是未通过100mm标线的；③经过的时间（t），火焰通过100mm标线的，记录损坏长度（L）=75mm；④燃烧速率$V=60L/t$。

垂直法试验大致步骤为：

（1）喷灯管的中心轴垂直，火焰中心加到试样底边的中点，同时使喷灯顶端比该点低（10±1）mm，保持（10±0.5）s。喷灯撤离到足够距离，同时开始测量余焰时间。

（2）试样余焰熄灭后，立即重新把试验火焰放在试样下面，使喷灯顶端处于试样底端以下（10±1）mm的距离，保持（10±0.5）s。灭灯或撤离喷灯，同时开始测量余焰时间和余辉时间。

该试验采用不低于98%甲烷气，形成高度为18~22mm的蓝色火焰进行燃烧测试，该方法是电子电工产品行业普遍常用的燃烧试验方法，以塑料最常用的状态点燃，微火试验观察试样的燃烧行为，可以通过此试验，了解一下塑料对火灾蔓延所起的作用。

10. 建筑材料烟密度试验方法

该试验为在标准试验条件下，通过测试试验烟箱中光通量的损失来进行烟密度测试，以测量建筑材料在燃烧或分解的试验条件下的静态产烟量。依据为《建筑材料燃烧或分解的烟密度试验方法》GB/T 8627—2007（ASTM D2843-99）。

试样的尺寸为（25.4±0.3）mm×（25.4±0.3）mm×（6.2±0.3）mm。每组3块样品。

试验大致步骤为：

（1）打开光源，安全出口标志，排风机；

（2）点燃点火器，调整光吸收率为0；

（3）样品水平放置在支架上，位置为火焰在样品正下方，计时器调到零点；

（4）关闭风机，关闭烟箱门，点火器移至样品下，开启计时器。以15s的间隔记录光吸收率，记4min。

记录：①每隔15s的光吸收率读数和平均值；②光吸收数据平均值与时间的关系绘制曲线，曲线的最高点为最大烟密度；③光吸收与时间曲线下方的面积百分比（烟密度等级）；④材料特性观测结果；⑤安全出口标记可见性观测结果。

该试验采用工作压力为276kPa的丙烷火，对于大量滴落的材料，可引入辅助燃烧器。该试验的燃烧火焰功率不大，是内装修材料燃烧试验中唯一一项测试产烟特性的小试样试验，可以较为直观地获得烟气量的数值表征。

11. 硬质泡沫塑料垂直燃烧试验

该试验将试样垂直固定，采用本生灯点火10s，记录试样燃烧时的火焰高度、燃烧时间和残留质量百分数。依据为《硬质泡沫塑料燃烧性能试验方法　垂直燃烧法》GB/T 8333—2008（ASTM D 3014 –04a）。

试样尺寸为 $(254 \pm 1)\,\mathrm{mm} \times (19 \pm 1)\,\mathrm{mm} \times (19 \pm 1)\,\mathrm{mm}$。每组6个试样。

试验大致步骤为：

（1）测试每个试样的密度。称量每个试样的质量 m，准确至0.01g，称量试样支架的质量 m_1。试样插入支架上的三个钉子上。

（2）本生灯火焰内核顶部在试样下端中心点火10s，点火时本生灯与垂直方向成15°角。本生灯火焰移至试样时，立即计时。

记录：①最大火焰高度 H，精确到10mm，如果火焰超过标尺顶部，记作250 + mm。②试样火焰熄灭时，停止计时，记录燃烧熄灭时间（不包括余辉时间）。如果熄灭时间不到10s，继续施加火焰至10s并记录。③未取下试样的整个试样支架的质量 m_2。④残留质量分数，$PMR = (m_2 - m_1) \times 100/m$。

该试验采用纯度为 95% 以上的丙烷或天然气，形成的蓝色火焰内核高度为 25~35mm，进行燃烧试验。也是一种小型材料燃烧试验，是泡沫塑料常用的燃烧性能测试方法之一，可以较直观地观察泡沫塑料的燃烧行为。

12. 饰面型防火涂料分级法

《饰面型防火涂料》GB 12441—2005 规定了饰面型防火涂料的术语和定义、技术要求、试验方法、检验规则、标志及包装。

标准中规定了三个燃烧试验方法：耐燃时间，按大板燃烧法进行；火焰传播比值，按隧道燃烧法进行；阻火性，按小室燃烧法进行。

该标准中规定了饰面型防火涂料的防火性能指标如下：

（1）耐燃时间：在规定的基材和特定燃烧条件下，试板背火面任何一支热电偶温度达到220℃或试件背火面出现穿火所需时间（min）；

（2）火焰传播比值：当石棉板的火焰传播比值为"0"，橡树木板的火焰传播比值为"100"，受试材料具有的表面火焰传播特性数据；

（3）阻火性能：以燃烧质量损失、炭化体积来表示；

质量损失：试件单面湿涂覆比为 $250g/m^2$，进行试验，称量其平均质量损失（g）；

炭化体积：试件单面湿涂覆比为 $250g/m^2$，进行试验，测量基材炭化的长度、宽度和最大的炭化深度，取平均炭化体积的整数值。

饰面型防火涂料防火性能指标见表8-4。

表8-4　饰面型防火涂料防火性能指标

项　　目	技术指标	缺陷类别
耐燃时间（min）	≥15	A
火焰传播比值	≤25	A
质量损失（g）	≤5.0	A
炭化体积（cm³）	≤25	A

二、建筑材料的燃烧性能等级判据

《建筑材料及制品燃烧性能分级》GB 8624—2012 中规定了建筑材料的燃烧性能试验方法和分级判据。

1. 建筑材料

平板状建筑材料及制品的燃烧性能等级和分级判据见表 8 – 5。

表 8 – 5 平板状建筑材料及制品的燃烧性能等级和分级判据

燃烧性能等级		试 验 方 法		分 级 判 据
A	A1	GB/T 5464[①]且		炉内温升 $\Delta T \leqslant 30$ ℃； 质量损失率 $\Delta m \leqslant 50\%$； 持续燃烧时间 $t_f = 0$
		GB/T 14402		总热值 $PCS \leqslant 2.0 \mathrm{MJ/kg}$ [①②③⑤]； 总热值 $PCS \leqslant 1.4 \mathrm{MJ/m^2}$ [④]
	A2	GB/T 5464[①]或	且	炉内温升 $\Delta T \leqslant 50$ ℃； 质量损失率 $\Delta m \leqslant 50\%$； 持续燃烧时间 $t_f \leqslant 20\mathrm{s}$
		GB/T 14402		总热值 $PCS \leqslant 3.0 \mathrm{MJ/kg}$ [①⑤]； 总热值 $PCS \leqslant 4.0 \mathrm{MJ/m^2}$ [②④]
		GB/T 20284		燃烧增长速率指数 $FIGRA_{0.2\mathrm{MJ}} \leqslant 120\mathrm{W/s}$； 火焰横向蔓延未到达试样长翼边缘； 600s 的总放热量 $THR_{600s} \leqslant 7.5\mathrm{MJ}$
B_1	B	GB/T 20284 且		燃烧增长速率指数 $FIGRA_{0.2\mathrm{MJ}} \leqslant 120\mathrm{W/s}$； 火焰横向蔓延未到达试样长翼边缘； 600s 的总放热量 $THR_{600s} \leqslant 7.5\mathrm{MJ}$
		GB/T 8626 点火时间 30s		60s 内焰尖高度 $F_s \leqslant 150\mathrm{mm}$； 60s 内无燃烧滴落物引燃滤纸现象
	C	GB/T 20284 且		燃烧增长速率指数 $FIGRA_{0.4\mathrm{MJ}} \leqslant 250\mathrm{W/s}$； 火焰横向蔓延未到达试样长翼边缘； 600s 的总放热量 $THR_{600s} \leqslant 15\mathrm{MJ}$
		GB/T 8626 点火时间 30s		60s 内焰尖高度 $F_s \leqslant 150\mathrm{mm}$； 60s 内无燃烧滴落物引燃滤纸现象

续表 8 – 5

燃烧性能等级		试 验 方 法	分 级 判 据
B_2	D	GB/T 20284 且	燃烧增长速率指数 $FIGRA_{0.4MJ} \leqslant 750W/s$
		GB/T 8626 点火时间 30s	60s 内焰尖高度 $F_s \leqslant 150mm$； 60s 内无燃烧滴落物引燃滤纸现象
	E	GB/T 8626 点火时间 15s	20s 内的焰尖高度 $F_s \leqslant 150mm$； 20s 内无燃烧滴落物引燃滤纸现象
B_3	F	无性能要求	

注：①匀质制品或非匀质制品的主要组分；
　　②非匀质制品的外部次要组分；
　　③当外部次要组分的 $PCS \leqslant 2.0MJ/m^2$ 时，若整体制品的 $FIGRA_{0.2MJ} \leqslant 20W/s$、
　　　　$LFS <$ 试样边缘、$THR_{600s} \leqslant 4.0MJ$ 并达到 s1 和 d0 级，则达到 A_1 级；
　　④非匀质制品的任一内部次要组分；
　　⑤整体制品。

　　对墙面保温泡沫塑料，除符合表 8 – 3 的规定外，应同时满足以下要求：B_1 级氧指数值 $OI \geqslant 30\%$；B_2 级氧指数值 $OI \geqslant 26\%$。试验依据标准为《塑料　用氧指数法测定燃烧行为　第 2 部分：室温试验》GB/T 2406.2—2009。

2. 铺地材料

铺地材料的燃烧性能等级和分级判据见表 8 – 6。

表 8 – 6　铺地材料的燃烧性能等级和分级判据

燃烧性能等级		试 验 方 法	分 级 判 据
A	A1	GB/T 5464① 且	炉内温升 $\Delta T \leqslant 30℃$； 质量损失率 $\Delta m \leqslant 50\%$； 持续燃烧时间 $t_f = 0$
		GB/T 14402	总热值 $PCS \leqslant 2.0MJ/kg^{①②④}$； 总热值 $PCS \leqslant 1.4MJ/m^{2③}$
	A2	GB/T 5464① 或　　且	炉内温升 $\Delta T \leqslant 50℃$； 质量损失率 $\Delta m \leqslant 50\%$； 持续燃烧时间 $t_f \leqslant 20s$

续表 8 −6

燃烧性能等级		试 验 方 法		分 级 判 据
A	A2	GB/T 14402	且	总热值 $PCS \leqslant 3.0MJ/kg^{①④}$； 总热值 $PCS \leqslant 4.0MJ/m^{2②③}$
		GB/T 11785⑤		临界热辐射通量 $CHF \geqslant 8.0kW/m^2$
B₁	B	GB/T 11785⑤且		临界热辐射通量 $CHF \geqslant 8.0kW/m^2$
		GB/T 8626 点火时间 15s		20s 内焰尖高度 $F_s \leqslant 150mm$
	C	GB/T 11785⑤且		临界热辐射通量 $CHF \geqslant 4.5kW/m^2$
		GB/T 8626 点火时间 15s		20s 内焰尖高度 $F_s \leqslant 150mm$
B₂	D	GB/T 11785⑤且		临界热辐射通量 $CHF \geqslant 3.0kW/m^2$
		GB/T 8626 点火时间 15s		20s 内焰尖高度 $F_s \leqslant 150mm$
	E	GB/T 11785⑤且		临界热辐射通量 $CHF \geqslant 2.2kW/m^2$
		GB/T 8626 点火时间 15s		20s 内焰尖高度 $F_s \leqslant 150mm$
B₃	F	无性能要求		

注：①匀质制品或非匀质制品的主要组分；

②非匀质制品的外部次要组分；

③非匀质制品的任一内部次要组分；

④整体制品；

⑤试验最长时间 30min。

3. 管状绝热材料

管状绝热材料的燃烧性能等级和分级判据见表 8 −7。

当管状绝热材料的外径大于 300mm 时，其燃烧性能等级和分级判据按表 8 −5 的规定。

表 8 – 7　管状绝热材料燃烧性能等级和分级判据

燃烧性能等级		试验方法	分级判据
A	A1	GB/T 5464[①] 且	炉内温升 $\Delta T \leqslant 30℃$； 质量损失率 $\Delta m \leqslant 50\%$； 持续燃烧时间 $t_f = 0$
		GB/T 14402	总热值 $PCS \leqslant 2.0MJ/kg$[①②④]； 总热值 $PCS \leqslant 1.4MJ/m^2$[③]
	A2	GB/T 5464[①] 或　　　且	炉内温升 $\Delta T \leqslant 50℃$； 质量损失率 $\Delta m \leqslant 50\%$； 持续燃烧时间 $t_f \leqslant 20s$
		GB/T 14402	总热值 $PCS \leqslant 3.0MJ/kg$[①④]； 总热值 $PCS \leqslant 4.0MJ/m^2$[②③]
		GB/T 20284	燃烧增长速率指数 $FIGRA_{0.2MJ} \leqslant 270W/s$； 火焰横向蔓延未到达试样长翼边缘； 600s 内总放热量 $THR_{600s} \leqslant 7.5MJ$
B_1	B	GB/T 20284 且	燃烧增长速率指数 $FIGRA_{0.2MJ} \leqslant 270W/s$； 火焰横向蔓延未到达试样长翼边缘； 600s 内总放热量 $THR_{600s} \leqslant 7.5MJ$
		GB/T 8626 点火时间 30s	60s 内焰尖高度 $F_s \leqslant 150mm$； 60s 内无燃烧滴落物引燃滤纸现象
	C	GB/T 20284	燃烧增长速率指数 $FIGRA_{0.4MJ} \leqslant 460W/s$； 火焰横向蔓延未到达试样长翼边缘； 600s 内总放热量 $THR_{600s} \leqslant 15MJ$
		GB/T 8626 且 点火时间 30s	60s 内焰尖高度 $F_s \leqslant 150mm$； 60s 内无燃烧滴落物引燃滤纸现象
B_2	D	GB/T 20284 且	燃烧增长速率指数 $FIGRA_{0.4MJ} \leqslant 2100W/s$； 600s 内总放热量 $THR_{600s} < 100MJ$

续表 8 – 7

燃烧性能等级		试 验 方 法	分 级 判 据
B₂	D	GB/T 8626 点火时间 30s	60s 内焰尖高度 F_s ≤150mm； 60s 内无燃烧滴落物引燃滤纸现象
	E	GB/T 8626 点火时间 15s	20s 内焰尖高度 F_s ≤150mm； 20s 内无燃烧滴落物引燃滤纸现象
B₃	F	无性能要求	

注：①匀质制品和非匀质制品的主要组分；

②非匀质制品的外部次要组分；

③非匀质制品的任一内部次要组分；

④整体制品。

4. 窗帘幕布、家具制品装饰用织物

窗帘幕布、家具制品装饰用织物等的燃烧性能等级和分级判据见表 8 – 8。耐洗涤织物在进行燃烧性能试验前，应按《纺织品 织物燃烧试验前的商业洗涤程序》GB/T 17596—1998 的规定对试样进行至少 5 次洗涤。

表 8 – 8　窗帘幕布、家具制品装饰用织物燃烧性能等级和分级判据

燃烧性能等级	试验方法	分 级 判 据
B₁	GB/T 5454 GB/T 5455	氧指数 OI≥32.0%； 损毁长度 ≤150mm，续燃时间 ≤5s，阴燃时间 ≤15s； 燃烧滴落物未引起脱脂棉燃烧或阴燃
B₂	GB/T 5454 GB/T 5455	氧指数 OI≥26.0%； 损毁长度 ≤200mm，续燃时间 ≤15s，阴燃时间 ≤30s； 燃烧滴落物未引起脱脂棉燃烧或阴燃
B₃	无性能要求	

5. 电线电缆套管、电器设备外壳及附件

电线电缆套管、电器设备外壳及附件的燃烧性能等级和分级

判据见表 8 - 9。

表 8 - 9　电线电缆套管、电器设备外壳及附件的
燃烧性能等级和分级判据

燃烧性能等级	制　品	试 验 方 法	分 级 判 据
B₁	电线电缆套管	GB/T 2406.2 GB/T 2408 GB/T 8627	氧指数 $OI \geqslant 32.0\%$； 垂直燃烧性能 V - 0 级； 烟密度等级 SDR≤75
	电器设备外壳及附件	GB/T 5169.16	垂直燃烧性能 V - 0 级
B₂	电线电缆套管	GB/T 2406.2 GB/T 2408	氧指数 $OI \geqslant 26.0\%$； 垂直燃烧性能 V - 1 级
	电器设备外壳及附件	GB/T 5169.16	垂直燃烧性能 V - 1 级
B₃	无性能要求		

6. 电器、家具制品用泡沫塑料

电器、家具制品用泡沫塑料的燃烧性能等级和分级判据见表 8 - 10。

表 8 - 10　电器、家具制品用泡沫塑料燃烧性能等级和分级判据

燃烧性能等级	试验方法	分 级 判 据
B₁	GB/T 16172① GB/T 8333	单位面积热释放速率峰值≤400kW/m²； 平均燃烧时间≤30s，平均燃烧高度≤250mm
B₂	GB/T 8333	平均燃烧时间≤30s，平均燃烧高度≤250mm
B₃	无性能要求	

注：①辐射照度设置为 30kW/m²。

7. 附加信息

建筑材料及制品燃烧性能等级附加信息包括产烟特性、燃烧滴落物/微粒等级和烟气毒性等级。

产烟特性等级按《建筑材料或制品的单体燃烧试验》GB/T 20284—2006 或《铺地材料的燃烧性能测定　辐射热源法》GB/T 11785—2005 试验所获得的数据确定，见表 8 - 11。

表 8 – 11　产烟特性等级和分级判据

产烟特性等级	试验方法	分级判据	
s1	GB/T 20284	除铺地制品和管状绝热制品外的建筑材料及制品	烟气生成速率指数 $SMOGRA \leqslant 30 \mathrm{m}^2/\mathrm{s}^2$； 试验 600s 总烟气生成量 $TSP_{600s} \leqslant 50 \mathrm{m}^2$
		管状绝热制品	烟气生成速率指数 $SMOGRA \leqslant 105 \mathrm{m}^2/\mathrm{s}^2$； 试验 600s 总烟气生成量 $TSP_{600s} \leqslant 250 \mathrm{m}^2$
	GB/T 11785	铺地材料	产烟量 $\leqslant 750\% \times \min$
s2	GB/T 20284	除铺地制品和管状绝热制品外的建筑材料及制品	烟气生成速率指数 $SMOGRA \leqslant 180 \mathrm{m}^2/\mathrm{s}^2$； 试验 600s 总烟气生成量 $TSP_{600s} \leqslant 200 \mathrm{m}^2$
		管状绝热制品	烟气生成速率指数 $SMOGRA \leqslant 580 \mathrm{m}^2/\mathrm{s}^2$； 试验 600s 总烟气生成量 $TSP_{600s} \leqslant 1600 \mathrm{m}^2$
	GB/T 11785	铺地材料	未达到 s1
s3	GB/T 20284	未达到 s2	

　　燃烧滴落物/微粒等级通过观察《建筑材料或制品的单体燃烧试验》GB/T 20284—2006 试验中燃烧滴落物/微粒确定，见表 8 – 12。

　　烟气毒性等级按《材料产烟毒性危险分级》GB/T 20285—2006 试验所获得的数据确定，见表 8 – 13。

表 8-12　燃烧滴落物/微粒等级和分级判据

燃烧滴落物/微粒等级	试验方法	分级判据
d0		600s 内无燃烧滴落物/微粒
d1	GB/T 20284	600s 内燃烧滴落物/微粒，持续时间不超过 10s
d2		未达到 d1

表 8-13　烟气毒性等级和分级判据

烟气毒性等级	试验方法	分级判据
t0		达到准安全一级 ZA_1
t1	GB/T 20285	达到准安全三级 ZA_3
t2		未达到准安全三级 ZA_3

　　A2 级、B 级和 C 级建筑材料及制品应给出以下附加信息：产烟特性等级，燃烧滴落物/微粒等级（铺地材料除外），烟气毒性等级。

　　D 级建筑材料及制品应给出以下附加信息：产烟特性等级，燃烧滴落物/微粒等级。

8. 附加信息标识

　　当材料需要显示附加信息时，燃烧性能等级标识为：

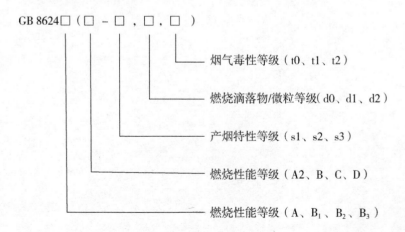

GB 8624□（□－□，□，□）

烟气毒性等级（ t0、t1、t2 ）

燃烧滴落物/微粒等级(d0、d1、d2)

产烟特性等级（ s1、s2、s3 ）

燃烧性能等级（ A2、B、C、D ）

燃烧性能等级（ A、B_1、B_2、B_3 ）

示例：GB 8624 B1（B–s1，d0，t1），表示属于难燃 B1 级建筑材料及制品，燃烧性能细化分级为 B 级，产烟特性等级为 s1 级，燃烧滴落物/微粒等级为 d0 级，烟气毒性等级为 t1 级。

第九章 规范执行时应注意的若干问题

法律法规是人类走向秩序和美好的必由之路，制定各种技术法规是我国法制工作的一个重要组成部分，以规范社会行为，引领社会发展。但如果没有强有力的法规监督体系，则各种技术法规难免流于形式。《规范》执行过程中，应避免行为的任意性，对装修工程设计、审核和施工验收时，宜重点考虑和注意以下一些问题。

一、实施时效问题

根据住房城乡建设部关于发布国家标准《建筑内部装修设计防火规范》的公告，批准《建筑内部装修设计防火规范》为国家标准，编号为 GB 50222—2017，自 2018 年 4 月 1 日起实施。在此之前，还是应当执行《建筑内部装修设计防火规范》GB 50222—95。

由于规范本次修订范围较大，存在新老规范之间的更改问题。从理论上讲，《规范》只适用于 2018 年 4 月 1 日之后开工设计的各项建筑工程。对此期限以前完成的工程项目，可以遵循原规范的规定。如果工程能够满足《规范》的要求，建议可按《规范》执行相应的检测项目，以避免在 4 月 1 日之后消防验收时，提出按照新版《规范》执行，产生不必要的纠纷。

二、适用范围问题

《规范》只是针对建筑内部装修而设立的，它不适用于建筑外部的装修设计。目前建筑外部大量使用各类装饰板、保温板等，其中的陶瓷类、石板类、金属类等无机材料防火安全性优异，外墙围护结构中所使用的各类泡沫材料虽位于外墙体内，但仍属于外部装修设计。其防火性能的考量不属于本《规范》的条文范围，应遵循《建筑设计防火规范》GB 50016—2014 等相应的规范规定执行。对于建筑房间内部施工的内保温工程，其功能上虽然以保温为主，但是由于其应用位置属建筑内部，应按《规范》执行。

《规范》对民用建筑和工业建筑分别作出了各项规定，但重点放在民用建筑上，对民用建筑进行了详细的规定。包括所有的居住建筑和公共建筑，如办公建筑、商业、服务业、教育、医疗、科研、文化、交通、司法、纪念、综合等各种用途的民用建筑，《规范》根据执行多年来反馈、修订中得到的意见，将条文涉及的规定具体到场所，对建筑内装修材料的选用做了进一步完善，以避免产生疑问。

三、处理好安全与美观的关系

《规范》是以安全为基点对建筑内部装修提出选择材料的要求，由于装修设计对美观的要求很高，所以要同时兼顾安全与美观两个方面的问题。

根据我们对已建工程装修现状的调查和装修材料的了解，原规范中规定可以使用的大部分材料，不会因为此次修订受到使用限制，如岩棉、玻璃棉、纸面石膏板、橡塑材料、木挂板、胶合板、墙布等；部分材料通过工艺处理也可满足《规范》要求，如电加热供暖系统中所使用的装修材料；只有一小部分易燃材料会被限制使用，甚至在某些地方被禁止使用，如原规范中规定顶棚或墙面局部采用的多孔或泡沫材料的使用条款已经删除，应严格按照《规范》对于材料使用位置的规定，进行试验确定燃烧等级。

四、规范间的协调问题

从基本性质看，《规范》属于配套性的国标，即与先期已有的其他规范相配套完善。所以它的基本原则和有关规定又必须很好地与现行的其他相关规范、标准相协调。具体表现在：

（1）采用了国家现有的建材测试与分级标准，以配套完善。

（2）在章节的编排上考虑了与有关几本规范的对应关系。

（3）《规范》涉及的一些名词、术语以及定义都同于现行国家标准。

《规范》条文中参考两本国标：《建筑设计防火规范》GB 50016—2014 和《建筑材料及制品燃烧性能分级》GB 8624—2012。《建筑设计防火规范》GB 50016—2014 中规定了建筑的耐火等级分级及其建筑构件的耐火极限、防火分区与防火分隔、建筑防火构造、防火间距和疏散、消防设施设置的基本要求，以及建筑供暖、通风与空气调节，预防电气火灾的线路等方面的防火要求和消防用电设备的电源与配电线路等基本要求。对建筑进行室内装修的过程中，应注意不能违反《建筑设计防火规范》GB 50016—2014 中的规定，从建筑安全的角度出发，统筹兼顾，采用的装修材料不仅要提升建筑品格，同时要不降低建筑的基本防火要求。

《规范》条文中的部分规定是参考多部规范形成的，包括国家标准《人民防空工程设计防火规范》GB 50098—2009、《公共场所阻燃制品及组件燃烧性能要求和标识》GB 20286—2006、《电子信息系统机房设计规范》GB 50174—2008、《洁净厂房设计规范》GB 50073—2013，如果这些规范进行了修订，将根据具体情况具体分析，结合内装修所形成的火灾危险，斟酌条文与新情况的对应性。

五、装修材料的检测

装修材料燃烧等级应按相关国标的规定，由专业检测机构检测确定。所谓的专业检测机构系指国家和省市的技术监督部门批准设立并负有法定检测权力的专门检测单位。

选定材料的燃烧性能测试方法和建立材料燃烧性能分级标准是最基础性的工作。建筑内部装修材料种类繁多，新型材料也是花样百出，各类材料的测试方法和分级标准也不尽相同，有些只有测试方法标准，而没有制定燃烧性能等级标准，有些测试方法还未形成国家标准或测试方法不完善、不系统。本着尽可能选用已有标准的原则，同时也可参考国外的一些标准。

由于现行国标中对 B_3 级材料没有提出检验测定的具体方法，所以规定 B_3 级的装修材料可不进行检测。

装修过程中经常会遇到建筑内部构造多而复杂，并非整体采用一种材料。如很多平面不是单一材料，玻璃墙上做了很多木炭装饰；固定家具作为墙面使用；装修中地、墙材料分割不清晰，"地爬墙"情况很多，对于此类情况，要严格按照材料所属的部位进行材料选用，必须满足材料相应部位的性能要求。

《规范》本次修订删除了原规范附录中的检测方法，内装修材料要完全遵循《建筑材料及制品燃烧性能分级》GB 8624—2014 进行检测，因此部分材料的检测内容发生了改变。如原 B_1 级材料的难燃性试验方法已经删除，不能继续用来作为材料性能的防火测试方法；大部分材料的检测方法比原来要更为复杂，如 A 级材料，应与热值试验、SBI 试验进行综合试验，以确定材料的阻燃性能。

六、《规范》条文制订中的几个原则

在《规范》条文中体现了以下几个原则：

（1）对重要的建筑物比一般建筑物要求严，对地下建筑比地上建筑严，对 100m 以上的建筑比对一般高层建筑的要求严。

（2）对建筑物防火的重点部位，如公共活动区、楼梯、疏散走道及危险性大的场所等，其要求比一般建筑部位要求严。

（3）对顶棚的要求严于墙面，对墙面的要求又严于地面，对悬挂物（如窗帘、幕布等）的要求严于粘贴在基材上的物件。

这几条原则是《规范》编制的基础，《规范》条文基本是依据这几条准则而定，可以在《规范》执行中用作指导依据。这些原则来自于建筑的火灾现状调研和分析，从本质上拒绝装修材料引发的火灾，减少火灾损失，控制建筑消防安全。

七、放松要求问题

《规范》中对各种建筑有放宽要求的条文。在执行中要注意几点：

（1）对单层、多层和高层民用建筑的放松条件是不一样的。而对地下建筑和仓库不存在有条件放松要求的问题。

（2）执行放松要求的条文时，必须是放宽装修防火等级的空间有另外的消防系统设备时，该条文才是有效的。

（3）《规范》中的放宽条文，不适用"特别场所"一章中明确给定装修材料等级的那些部位。

八、妨碍消防设施的问题

装修不当会妨碍各种消防设施的正常使用，对此应给予充分的关注，尤其是改建装修工程设计中的问题要及时发现和纠正。相关的国标中，如现行国家标准《火灾自动报警系统设计规范》GB 50116—2013、《火灾自动报警系统施工及验收规范》GB 50166—2007、《消防给水及消火栓系统技术规范》GB 50974—2014、《防火卷帘、防火门、防火窗施工及验收规范》GB 50877—2014、《建筑灭火器配置验收及检查规范》GB 50444—2008 等，规定了消防设施的配置、使用、维护、管理等具体内容，保障消防设施的正常工作，消防设施对于火灾的发现、控制火势的扩大和蔓延能发挥巨大的作用，装修时一定要保证各类消防设施的安全合理使用，是装修工程中非常值得警惕的问题之一。

九、建筑物名称无法对应的问题

由于《规范》无法把各种名称均包含在其中，所以在执行《规范》的过程中会出现建筑物与《规范》列出的各类建筑名称无法对应，或者也可能出现界限不清的情况。对此，宜取《规范》中与实际工程性质最靠近的要求去执行，或者与有关单位共同协商确定，妥善解决。

十、装修设计更换问题

在建筑新建时期，许多问题都有比较好的处理和措施，但随着投入使用之后的时间推移，许多原有的材料和布置都发生了很大变化。一些经过阻燃处理的物品，因阻燃剂的失效速度不同，其阻燃性会随着时间的流逝而有所下降。

与宾馆等大型公共建筑不同的是，一般的办公、居住、教学等建筑内装修改动的随意性很大，对它们在事前预测和事后控制都是十分困难的。

对上述问题的处理，目前尚无更好的办法，这需要有一个完善过程。但现在就必须仔细对待，逐步建立一套行之有效的规章制度和技术档案，以保证各项防火措施的历史延续。

十一、特别场所的适用范围

"特别场所"在原规范中列为"民用建筑"的第一节，在执行过程中，经常有人产生疑问，不确定某场所装修材料具体采用的燃烧性能等级。本次修订中，将其单列一章，在安装了各类消防设施的情况下，这些场所的要求作为通用的规定，不能降低材料的燃烧性能等级。当这类场所与《规范》表格中的规定有重复时，按"特别场所"一章中的规定执行。

由于特别场所的火灾危险指数较高，所以这些场所的规定适用于所有的民用和工业建筑，地下民用建筑也应同时满足这些要求。

十二、地下建筑装修关注的重点

在进行地下民用建筑装修时，应特别注意以下的部位：

（1）疏散走道、楼梯间、自动扶梯和安全出口是人员在水平和垂直方向撤离的唯一通路，必须确保这些通路不成为起火点和助长其他火源加速蔓延的介体。为此，这些部位的顶棚、墙面和地面必须采用 A 级装修材料。

（2）人员比较密集的地下娱乐场所应是装修防火的另一个重点。出于功能考虑，在这些场所常常做成可燃量较大的内装修，有时为了音响和舒适，甚至处理成软包装修。另外，灯光在这些空间也较之其他部位要强和复杂。

如此复杂的装修环境内聚集了大量人群，人员密度极大，难免出现灾难性的后果。按《规范》的要求，所有地下娱乐场所的内装修，其顶棚、墙面只能采用 A 级装修材料，地面只能采用不低于 B_1 级的装修材料。对这些公共娱乐场所应格外予以注意。

（3）地下商场的柜台，按规定是可以纳入允许使用 B_1 级的固定家具之列。原规范鉴于商场的特殊性，专门对售货柜台、固定货架、展览台等提出必须使用 A 级装修材料，本次修订根据调研实际情况进行了修改。

十三、工业厂房装修内容

原规范在民用建筑中包括了 7 类材料，而在工业建筑中只包括了 4 类材料。其主要原因是，当时工业建筑内装修量还不是很大，并且即使做了内装修的场所，与民有建筑相比，有些材料的使用也是十分有限的。随着社会的进步和工业的发展，厂房内也有相应的装修，从现实情况出发，将固定家具、装饰织物和其他装修装饰材料这三大类装修材料做了相应的补充。

十四、厂房的分类问题

工业厂房有多种分类方式，如可按生产状况划分为洁净厂房、空调厂房等。这些空调、洁净厂房比其他类厂房更具有现代性、封闭性和洁净性。从装修的角度看，这些厂房内装修较多，档次相对较高，因此做了进一步的分类。

考虑到与《建筑设计防火规范》GB 50016—2014 的匹配协调，在《规范》中，将所有的工业厂房按生产的火灾危险性统一划分成甲、乙、丙、丁、戊 5 个类别，并且厂房的耐火等级与这 5 个类别也联系在一起。为此，在《规范》中首先将工业建筑分为 5 类，然后又根据建筑规模分成地下、高层和单、多层厂房。

十五、架空地板装修问题

在厂房中，对计算机房、中央控制室等可参考民用建筑，地

面应采用不低于 B_1 级的装修材料；厂房的架空地板，要求其地面装修材料的燃烧性能等级与此相同，无论在任何场所，架空地板都存在失火快速蔓延的危险，因此对于普通民用建筑的架空地板，尤其是地下走线的架空地板，建议也采用不低于 B_1 级的装修材料。

十六、厂房附属问题

在《规范》中，对建筑的主体厂房附属的非工业生产用房等，如办公室、研发实验室等，其通过隔墙与厂房相邻，按照民用建筑的规定采用装修材料。

对于建在工业厂区内的单独用于办公和生活的个体建筑，则不属于工业厂房的范畴。它们的内装修防火要求毫无质疑，也应按照民用建筑的有关要求去执行。

十七、建筑内部装修防火施工及验收中的若干重点问题

《建筑内部装修防火施工及验收规范》 GB 50354—2005（以下简称《施工规范》）对建筑内部装修工程施工、防火装修材料的检验等做出了明确规定。建筑内部装修防火工程的施工监管的重点是建筑内部装修防火材料的见证取样检验工作。

见证取样是指在建设单位或监理单位人员的见证下，由施工单位人员在现场取样，并共同送至具备相应资质的检测单位进行检测，见证人员和取样人员对试样的代表性和真实性负责。

1. 基本规定

建筑内部装修工程防火施工应按照批准的施工图设计文件和设计规范的有关规定进行。

装修施工应按设计要求编写施工方案。施工现场管理应具备相应的施工技术标准、健全的施工质量管理体系和工程质量检验制度，并应按《施工规范》附录 A 的要求填写有关记录。

进入施工现场的装修材料应完好，并应核查其燃烧性能或耐火极限、防火性能型式检验报告、合格证书等技术文件是否符合

防火设计要求。核查、检验时，按《施工规范》附录 B 的要求填写进场验收记录。

装修材料进入施工现场后，应按施工规范的有关规定，在监理单位或建设单位监督下，由施工单位有关人员现场取样，并应由具备相应资质的检验单位进行见证取样检验。

装修施工过程中，装修材料应远离火源，并应指派专人负责施工现场的防火安全。

装修施工过程中，应对各装修部位的施工过程作详细记录。记录表的格式应符合《施工规范》附录 C 的要求。装修施工过程中，当确需变更防火设计时，应经原设计单位或具有相应资质的设计单位按有关规定进行。

2. 纺织织物装修工程

纺织织物施工应检查下列文件和记录：

（1）纺织织物燃烧性能等级的设计要求；

（2）纺织织物燃烧性能型式检验报告，进场验收记录和抽样检验报告；

（3）现场对纺织织物进行阻燃处理的施工记录及隐蔽工程验收记录。

下列材料进场应进行见证取样检验：

（1）B_1、B_2 级纺织织物；

（2）现场对纺织织物进行阻燃处理所使用的阻燃剂。

下列材料应进行抽样检验：

（1）现场阻燃处理后的纺织织物，每种取 $2m^2$ 检验燃烧性能；

（2）施工过程中受湿浸、燃烧性能可能受影响的纺织织物，每种取 $2m^2$ 检验燃烧性能。

3. 木质材料装修工程

木质材料施工应检查下列文件和记录：

（1）木质材料燃烧性能等级的设计要求；

（2）木质材料燃烧性能型式检验报告、进场验收记录和抽样检验报告；

（3）现场对木质材料进行阻燃处理的施工记录及隐蔽工程验收记录。

下列材料进场应进行见证取样检验：

（1）B₁级木质材料；

（2）现场进行阻燃处理所使用的阻燃剂及防火涂料。

下列材料应进行抽样检验：

（1）现场阻燃处理后的木质材料，每种取 $4m^2$ 检验燃烧性能；

（2）表面进行加工后的 B₁级木质材料，每种取 $4m^2$，检验燃烧性能。

木质材料表面进行防火涂料处理时，应对木质材料的所有表面进行均匀涂刷，且不应少于 2 次，第二次涂刷应在第一次涂层表面干后进行；涂刷防火涂料用量不应少于 $500g/m^2$。

4. 高分子合成材料装修工程

用于建筑内部装修的高分子合成材料可分为塑料、橡胶及橡塑材料。

高分子合成材料施工应检查下列文件和记录：

（1）高分子合成材料燃烧性能等级的设计要求；

（2）高分子合成材料燃烧性能型式检验报告、进场验收记录和抽样检验报告；

（3）现场对泡沫塑料进行阻燃处理的施工记录及隐蔽工程验收记录。

下列材料要做进场见证取样检验：

（1）B₁、B₂级高分子合成材料；

（2）现场进行阻燃处理所使用的阻燃剂及防火涂料。

塑料电工套管的施工应满足以下要求：

（1）B₂级塑料电工套管不得明敷；

（2）B₁级塑料电工套管明敷时，应明敷在 A 级材料表面；

（3）塑料电工套管穿过 B₁级以下（含 B₁级）的装修材料时，应采用 A 级材料或防火封堵密封件严密封堵。

5. 复合材料装修工程

用于建筑内部装修的复合材料，可包括不同种类材料按不同方式组合而成的材料组合体。复合材料施工应检查下列文件和记录：

（1）复合材料燃烧性能等级的设计要求；

（2）复合材料燃烧性能型式检验报告、进场验收记录和抽样检验报告；

（3）现场对复合材料进行阻燃处理的施工记录及隐蔽工程验收记录。

下列材料进场应进行见证取样检验：

（1）B_1、B_2 级复合材料；

（2）现场进行阻燃处理所使用的阻燃剂及防火涂料。

现场阻燃处理后的复合材料应进行抽样检验，每种取 $4m^2$ 检验燃烧性能。

6. 其他材料装修工程

其他材料可包括防火封堵材料和涉及电气设备、灯具、防火门窗、钢结构装修的材料。其他材料施工应检查下列文件和记录：

（1）材料燃烧性能等级的设计要求；

（2）材料燃烧性能型式检验报告、进场验收记录和抽样检验报告；

（3）现场对材料进行阻燃处理的施工记录及隐蔽工程验收记录。

下列材料进场应进行见证取样检验：

（1）B_1、B_2 级材料；

（2）现场进行阻燃处理所使用的阻燃剂及防火涂料。

现场阻燃处理后的复合材料应进行抽样检验。

7. 工程质量验收

工程质量验收应符合下列要求：

（1）技术资料应完整；

（2）所用装修材料或产品的见证取样检验结果应满足设计要求；

（3）装修施工过程中的抽样检验结果，包括隐蔽工程的施工过程中及完工后的抽样检验结果应符合设计要求；

（4）现场进行阻燃处理、喷涂，安装作业的抽样检验结果应符合设计要求；

（5）施工过程中的主控项目检验结果应全部合格；

（6）施工过程中的一般项目检验结果合格率应达到80%。

工程质量验收应由建设单位项目负责人组织施工单位项目负责人、监理工程师和设计单位项目负责人等进行。

工程质量验收时可对主控项目进行抽查。当有不合格项时，应对不合格项进行整改。工程质量验收时，应按《施工规范》附录D的要求填写有关记录。

当装修施工的有关资料经审查全部合格、施工过程全部符合要求、现场检查或抽样检测结果全部合格时，工程验收应为合格。

十八、建筑装修设计防火管理的若干设想

作为一个蒸蒸日上的建筑行业，装修正在不断深入到社会生产和生活的各个层面。鉴于人们对装修防火的认识尚处于一个初级阶段，专业研究工作已经在积极地开展中，因此今后我们还面临一系列急需解决的问题。

（1）现行的建筑材料防火分级方法还在不断研究，以提高防火分级的系统性、完整性和科学性等。为了适应整个社会变化的新形势，可开发更先进的测试方法去取代现行的手段，以将防火级别划分得更为实用可靠。

（2）在现行装修设计防火规范的基础上，更进一步地理顺部分条文中出现的安全与美观之间的矛盾。探讨在基本保障安全的前提下，怎样给设计者一个更大的思维空间。

（3）从理论上，我们已认识到各消防安全系统之间存在功能互补、协同工作、综合作用优化的问题。但如何在量值上，在法规文件中给出具体的可操作的条文，目前还没有一个实施方案。这就需要花大力气协调各部门的关系，做艰苦的实验验证工作。

（4）各类材料的生产是装修工作的基础。防火规范应在客观上担负起引导生产、规范市场、促进技术进步的责任。从这个意义上讲，规范的编制与管理部门应在形式上与相关的生产单位建立起一种紧密的工作关系。

（5）住宅装修防火的管理是一个薄弱环节，对此要专门组织一些论证，制定一个符合实际、循序渐进的办法，以保证家庭装修能有一个较高的防火安全度。